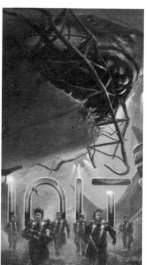

After Effects
特效合成实战攻略

王卓 / 编著

清华大学出版社
北京

内 容 简 介

本书共10章。第1~8章,每章聚焦一个特定的特效方向,从制作原理到实际应用,全面覆盖各类特效的实战技巧,而且每个章节都配有一个或多个案例,以便读者更好地理解其中的所学内容;第9章为综合案例教学,旨在整合前8章所学内容,帮助读者提升对多种插件和特效的综合运用能力;第10章为特效插件推荐,为进一步提升读者的特效制作水平,本章将推荐一些实用的插件和软件,帮助读者在特效制作的道路上走得更远。

本书旨在助力热爱影视特效后期编辑的读者深入理解特效制作的全过程,以详尽的步骤和实战案例,将复杂的特效技巧化繁为简。对于已经掌握一定After Effects基础的用户,本书将是一本极好的进阶教程。本书适合具有一定After Effects基础的特效初学者学习使用,也可以作为各大高校及相关培训机构的教材。

图书在版编目(CIP)数据

After Effects特效合成实战攻略 / 王卓编著. — 北京 : 清华大学出版社,2024.4

ISBN 978-7-302-66006-4

Ⅰ.①A… Ⅱ.①王… Ⅲ.①图像处理软件 Ⅳ.①TP391.413

中国国家版本馆CIP数据核字(2024)第069252号

责任编辑:陈绿春
封面设计:潘国文
责任校对:徐俊伟
责任印制:曹婉颖

出版发行:清华大学出版社

网　　　址:https://www.tup.com.cn,https://www.wqxuetang.com
地　　　址:北京清华大学学研大厦A座　　邮　　编:100084
社 总 机:010-83470000　　　　　　　　邮　　购:010-62786544
投稿与读者服务:010-62776969,c-service@tup.tsinghua.edu.cn
质量反馈:010-62772015,zhiliang@tup.tsinghua.edu.cn

印 装 者:北京嘉实印刷有限公司
经　　销:全国新华书店
开　　本:188mm×260mm　　　印　　张:12　　字　　数:389千字
版　　次:2024年6月第1版　　　　印　　次:2024年6月第1次印刷
定　　价:88.00元

产品编号:097625-01

前　言

　　我们衷心感谢您选择翻开这本书，并希望它能成为您通向影视特效世界的导引。本书将带领您从特效理论的基础出发，逐步领略特效制作的魅力。通过学习 After Effects 中具有标志性的插件并将其应用于现实需求，您将逐步掌握从最基本的绿幕素材处理到复杂的 Element 3D 等三维特效的创作技巧。

　　我们的目标是让您能够运用所学，提升自身的特效制作水平，甚至达到商业级的效果。本书不仅关注技术的提升，更关注实际应用与创作的启发。希望通过这本书，您可以解锁新的特效创作之路，让想象力在现实与虚拟之间自由翱翔。

　　本书专为具有一定 After Effects 基础的初学者编写，为读者提供更为实用和生动的学习体验。在内容上，我们避免了冗长的功能介绍和烦琐的指导，取而代之的是能够举一反三的教学案例，让读者能够轻松地融入实际应用中。正如那句俗话所说："看一千遍不如写一遍"，只有在实践使用中才能真正掌握并领悟其中的精髓。

　　在本书的每个章节中，我们都会精心挑选 1 ～ 2 个典型案例，以详细介绍如何巧妙地运用插件来实现所需的效果。我们的重点并不只是让读者学会使用某个特定的工具或技术，而且希望通过本书的引导，激发读者的创作灵感，并帮助读者在制作自己的特效时能够灵活运用所学的知识和技能。通过本书的润色与启发，希望读者能够在影视特效后期制作的道路上越走越远。

　　本书的配套资源请扫描下面的二维码进行下载，如果在配套资源下载过程中碰到问题，请联系陈老师，联系邮箱：chenlch@tup.tsinghua.edu.cn。

　　本书由吉林外国语大学国际艺术学院王卓编著。在编写本书的过程中，作者以科学、严谨的态度，力求精益求精，但疏漏之处在所难免，如果有任何技术上的问题，请扫描下面的二维码，联系相关的技术人员进行解决。

配套资源

技术支持

编者

2024 年 5 月

目　录

第1章

迈入特效的大门

在电影和电视中，人为制造的幻觉或虚假的事物被称为"影视特效"。电影导演使用特效来避免演员陷入危险境地、降低电影制作成本，同时也可以让电影更加扣人心弦。

特效又可以分为两类，分别是视觉特效和声音特效。

1.1 视觉特效

视觉特效的发展可以分为两个时代——胶卷时代和 CG 时代。

1.1.1 胶卷时代

传统特效又可分为化妆特效、布景特效、烟火特效、早期电影特效等。在计算机出现之前，所有特效都是依靠传统特效来完成的。以 20 世纪 80 年代拍摄的《西游记》为例，所有的妖魔鬼怪都是用传统化妆特效制作的，专业人士制作妖怪面具，演员们将面具戴在脸上进行拍摄。拍摄天宫景色时，通过建造想象天宫的建筑并释放一些烟雾，创造出云雾缭绕的天宫景象，如图 1-1 所示。

图1-1

1.1.2 CG 时代

CG 可以理解为通过计算机进行创作。当传统特效手段无法满足影片要求时，就需要 CG 特效来实现，CG 特效几乎可以实现所有能够想象出来的效果。

CG 时代的特效制作大体分成两大类——三维特效和合成特效。

三维特效由三维特效师完成，主要是指不需要实际拍摄完成的后期特技，基本以计算机生成为主，如图 1-2 所示。其主要步骤包括建模、材质、灯光、动画和渲染等。

图1-2

合成特效是由合成师精心制作完成的，通常将摄影机所记录的内容通过多重技术手段进行再创造。其中，合成师们会运用蓝绿幕技术、遮罩绘画技术、特殊化妆技术、威亚技术、自动化机械模型、运动控制技术、爆炸效果、人工降雨以及汽车特效等多种技术进行合成工作。这些技术元素相互融合，为我们带来了一幕幕令人惊叹的视觉盛宴，如图 1-3 所示。

图1-3

在现代电影制作过程中，三维特效和合成特效是密不可分的，两者的分界线不十分清晰，例如蓝绿幕和威亚技术都需要依靠计算机软件来完成。

随着计算机作为主要工具在视觉设计中的广泛应用，CG 的定义逐渐变得更为广泛。在国际上，利用计算机技术进行设计和生产的领域统称为 CG，这既包括了计算机技术的使用，也涵盖了艺术创作的部分。例如平面印刷品的设计、网页设计、三维动画、影视特效、多媒体技术、建筑设计和工业制造设计等，这些现今都已全部归属于 CG 领域。

1.2 声音特效

声音特效，即所谓的音效，通常由拟音师、录音师和混音师协作完成。拟音师负责捕捉画面中所有特殊声音（例如，爆炸声、脚步声、破碎声等）。录音师负责将拟音师的声音进行收录，最后通过混音的编辑加工成为影视使用的音效。

1.3 电影特效大师作品一览

乔治·卢卡斯是美国的电影导演、制片人和编剧，以其史诗级作品《星球大战》系列（导演）和《夺宝奇兵》系列（编剧）而闻名于世。他的作品《星球大战》在美国人心目中拥有崇高的地位，曾经打破美国本土以及世界多项票房纪录。

2005 年，卢卡斯获得美国电影学会颁发的 AFI 终身成就奖。他与弗朗西斯·福特·科波拉、马丁·斯科塞斯、史蒂文·斯皮尔伯格并称为好莱坞 20 世纪 80 年代四大导演。代表作品的海报如图 1-4 所示。

图 1-4

詹姆斯·卡梅隆，1954 年 8 月 16 日出生于加拿大安大略省，是好莱坞电影导演、编剧。1981 年，他执导了自己的首部电影《食人鱼 2：繁殖》；1984 年，他自编自导的科幻电影《终结者》让他一举成名；1986 年，他自编自导的电影《异形 2》问世；1991 年，他凭借电影《终结者 2》获得第 18 届土星奖最佳导演奖和最佳编剧奖；1994 年，他执导了电影《真实的谎言》；1997 年，他执导的电影《泰坦尼克号》取得了 18.4 亿美元的票房，打破全球影史票房纪录，该片在第 70 届奥斯卡金像奖上获得了包括最佳影片在内的 11 个奖项，卡梅隆本人也凭借该片获得了奥斯卡奖最佳导演奖。代表作品的海报如图 1-5 所示。

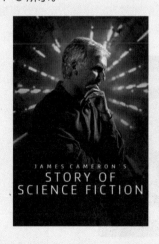  

图 1-5

彼得·杰克逊，1961 年 10 月 31 日出生于新西兰首都惠灵顿，是一位导演、编剧和制片人。2001 年，他拍摄的奇幻冒险电影《指环王：护戒使者》获得了第 74 届奥斯卡金像奖最佳影片在内的 13 项提名，杰克逊本人也因此获得了最佳导演提名；2002 年，他因执导奇幻冒险电影《指环王：双塔奇兵》而获得了第 60 届美国电影电视金球奖最佳导演提名；2003 年，他凭借奇幻冒险电影《指环王：国王归来》，获得了第 76 届奥斯卡金像奖最佳导演奖等多个奖项。代表作品的海报如图 1-6 所示。

图1-6

1.4 特效合成利器——After Effects

After Effects 简称为 AE，是 Adobe 公司推出的一款图形视频处理软件，适用于从事设计和视频特技的机构，包括电视台、动画制作公司、个人后期制作工作室以及多媒体工作室等。

1.4.1 After Effects 简介

After Effects 是一款后期特效制作软件，能够帮助后期特效师高效、精确地制作出引人注目的画面和震撼人心的视觉特效。通过 2D 和 3D 合成，以及数百种预设的效果和动画等多个参数调控，为特效电影、视频、DVD 和 Macromedia Flash 作品增添非凡的效果，如图 1-7 所示。

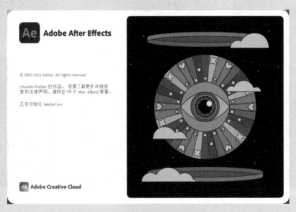

图1-7

1.4.2　After Effects 工作界面及面板介绍

　　完成 After Effects 2023 的安装后，双击计算机桌面上的软件快捷图标 Ae，即可启动该软件。首次启动 After Effects 2023 时，显示的是默认工作界面，该界面包括了集成的窗口、面板和工具栏等，如图 1-8 所示。

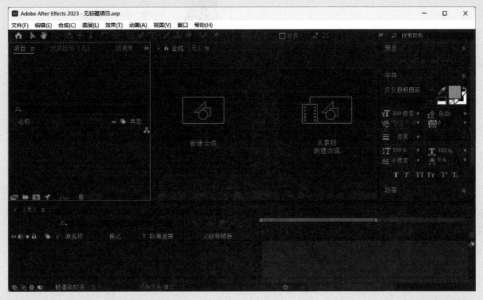

图1-8

1. 工作界面

　　After Effects 2023 在界面上合理地分配了各个窗口的位置，并根据用户的制作需求，提供了多种预置的工作界面模式。用户可以通过这些预置命令，将界面切换到不同模式。

　　执行"窗口"|"工作区"命令，可在展开的子菜单中看到 After Effects 2023 提供的多种预置工作模式选项，如图 1-9 所示。用户可以根据实际需求选择将工作界面切换为何种模式。

　　提示：除了选择预置的工作模式，用户还可以根据自己的喜好自定义工作模式。在工作界面中添加所需的工作面板后，执行"窗口"|"工作区"|"另存为新工作区"命令，即可将自定义的工作界面添加至"工作区"菜单。

标准	
小屏幕	
所有面板	
学习	Shift+F12
效果	
浮动面板	
简约	
动画	
基本图形	
审阅	Shift+F11
库	
文本	
绘画	
运动跟踪	
颜色	
✓ 默认	Shift+F10
将"默认"重置为已保存的布局	
保存对此工作区所做的更改	
另存为新工作区...	
编辑工作区...	

图1-9

2. "项目"面板

"项目"面板位于工作界面的左上角，主要用于组织和管理视频项目中所使用的素材及合成。在进行视频特效制作时，所有使用的素材都需要先导入"项目"面板。在"项目"面板中，用户可以查看到每个合成及素材的尺寸、持续时间和帧速率等信息。单击"项目"面板右上角的菜单按钮 ，可展开菜单查看各项命令，如图 1-10 所示。

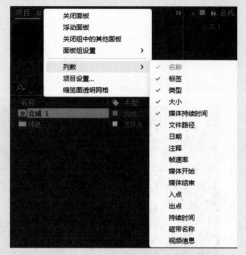

图1-10

以下是"项目"面板中常用菜单命令的使用说明。

※ 关闭面板：将当前使用的面板关闭。

※ 浮动面板：将面板的一体状态解除，使其变成浮动面板。

※ 列数：在"项目"菜单中选中的内容会显示在"项目"面板中。

※ 项目设置：打开"项目设置"对话框，在其中可以进行相关的项目设置。

※ 缩览图透明网格：当素材具有透明背景时，选中此选项，可用透明网格的方式显示缩略图的透明背景。

在 After Effects 2023 中，用户可以通过文件夹的形式来管理"项目"面板，将不同的素材以不同的文件夹分类导入，方便视频素材的编辑处理。当用户在"项目"面板中添加素材后，在素材目录区的上方表头，标明了素材、合成或文件夹的相关属性，如图 1-11 所示。

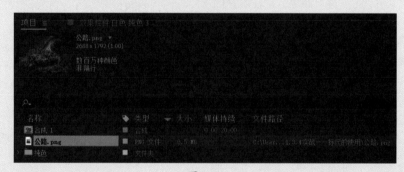

图1-11

相关属性说明如下。

※ 名称：显示素材、合成或文件夹的名称，单击该名称图标，可以将素材以名称方式进行排序。

※ 标记 ：可以利用不同的颜色来区分项目文件，单击该图标，可以将素材以标记的方式进行排序。如果要修改某个素材的标记颜色，直接单击该素材右侧的颜色按钮，在弹出的快捷菜单中选择适合的颜色即可。

※ 类型：显示素材的类型，如合成、图像或音频文件。单击该名称图标，可以将素材以类型的方式进行排序。

※　大小：显示素材文件的大小。单击该名称图标，可以将素材以大小的方式进行排序。

※　帧速率：显示每秒刷新图片的帧数，每秒显示帧数（FPS）越多，所显示动作就越流畅。

※　入点和出点：显示图层有效区域的开始点和结束点。

※　媒体持续时间：显示素材的持续时间。单击该名称图标，可以使素材以持续时间的方式进行排序。

※　文件路径：显示素材的存储路径，便于素材的更新与查找。

3.“合成”面板

　　“合成”面板是用于预览视频当前效果或最终效果的区域。在该面板中，用户可以预览编辑时的每一帧的效果，并调节画面的显示质量。此外，“合成”效果还可以分通道显示各种标尺、栅格线和辅助线，如图 1-12 所示。

图1-12

　　“合成”面板中常用工具介绍如下。

※　(36.5%)放大率弹出式菜单：用于设置显示区域的缩放比例。选择其中的“适合”选项，无论怎么调整窗口大小，窗口内的视图都将自动适配画面的大小。

※　选择网格和参考线选项：用于设置是否在“合成”面板显示安全框和标尺等。

※　切换蒙版和形状路径可见性：控制是否显示蒙版和形状路径的边缘。在编辑蒙版时，必须激活该按钮。

※　预览时间：设置当前预览视频所处的时间位置。

※　拍摄快照：单击该按钮可以拍摄当前画面，并且将拍摄好的画面转存到内存中。

※　显示快照：单击该按钮，显示最后拍摄的快照。

※　显示通道及色彩管理设置：选择相应的颜色，可以分别查看红、绿、蓝和 Alpha 通道。

※　目标区域：仅渲染选定的某部分区域。

※　切换透明网格：使用这种方式可以方便地查看具有 Alpha 通道的图像边缘。

※　预览分辨率：设置预览画面的分辨率。

※　快速预览：可以设置多种不同的渲染引擎。

※　重置曝光度：重新设置曝光。

※　调整曝光度：用于调节曝光度。

　　在“合成”面板中，单击“合成”选项后的蓝色文字，会弹出一个菜单，可以选择要显示的合成，如图 1-13 所示。单击右上角的 **≡** 按钮，也会弹出一个菜单，如图 1-14 所示。

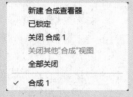

图1-13   图1-14

常用菜单命令介绍如下。

※ 合成设置：选择该选项可打开"合成设置"对话框。

※ 启用帧混合：开启合成中视频的帧混合功能。

※ 合成流程图：用于梳理层次关系，方便查找所需的合成。

※ 始终预览此视图：固定该视图，画面中将始终播放该视图。

※ 主查看器：使用此查看器进行音频和外部视频预览。

4."时间轴"面板

"时间轴"面板是后期特效处理和制作动画的主要区域，如图 1-15 所示。在添加不同的素材后，将产生多层效果，通过对层的控制可完成动画的制作。

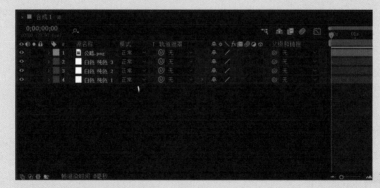

图1-15

"时间轴"面板中常用工具介绍如下。

※ 0;00;00;00 当前时间：显示时间指示器所在的时间。

※ 合成微型流程图开关：控制是否显示合成微型流程图。

※ ![icon]"隐藏为其设置了'消隐'开关的所有图层"开关：使用这个开关，可以暂时隐藏设置了"消隐"的图层。

※ ![icon]"为设置了'帧混合'开关的所有图层启用帧混合"开关：使用帧混合设置开关，可以打开或关闭全部对应图层中的帧混合。

※ ![icon]"为设置了'运动模糊'开关的所有图层启用运动模糊"开关：使用运动模糊开关，可以打开或关闭全部对应图层中的运动模糊。

※ ![icon]图表编辑器：可以打开或关闭对关键帧进行图表编辑的窗口。

5. "效果和预设"面板

"效果和预设"面板是进行视频编辑时不可或缺的工具面板，主要针对时间轴上的素材进行特效处理。该面板中提供了众多视频特效，如图1-16所示。

6. "效果控件"面板

"效果控件"面板主要用于对各种特效进行参数设置。当某种特效添加到素材上时，该面板将显示该特效的相关参数设置界面，可以通过设置参数对特效进行修改，以便达到所需的最佳效果，如图1-17所示。

图1-16

图1-17

7. "字符"面板

执行"窗口"|"字符"命令，可以打开"字符"面板，如图1-18所示。该面板主要用于对输入的文字进行相关属性的设置，包括字体、大小、颜色、描边和行距等参数。

8. "图层"面板

在"图层"面板中，默认情况下是不显示图像的。若要在"图层"面板中显示画面，可在"时间轴"面板中双击该素材层，即可打开该素材的"图层"面板，如图1-19所示。

图1-18

图1-19

"图层"面板是进行素材修剪的重要部分，常用于素材的前期处理，如入点和出点的设置。有两种方法可以处理入点和出点：一种是在"时间轴"面板中，直接通过拖动改变层的入点和出点；另一种是在"图层"面板中，单击"将入点设置为当前时间"按钮██设置素材入点，单击"将出点设置为当前时间"按钮██设置素材出点，以制作出符合要求的视频。

9. 工具栏

执行"窗口"|"工具"命令，或按快捷键 Ctrl+1，可以打开或关闭工具栏，如图 1-20 所示。工具栏中包含常用的工具，使用这些工具可以在"合成"面板中对素材进行一系列编辑操作，如移动、缩放、旋转、输入文字、创建蒙版和绘制图形等。

图1-20

> 提示：在工具栏中，部分工具按钮的右下角有一个三角形箭头，表示该工具还包含其他工具。可以在该工具按钮上长按鼠标左键，即可显示出其他工具。

1.5 万物之始——制作第一个特效

具体的操作步骤如下。

01 导入素材。启动After Effects 2023软件，单击"新建项目"按钮，执行"文件"|"导入"|"文件"命令或按快捷键Ctrl+I，导入"星空.mp4"和"地球绿幕.mp4"素材，此时的"项目"面板如图1-21所示。

02 创建图层。将"项目"面板中的"星空.mp4"和"地球绿幕.mp4"素材拖入当前"时间轴"面板，将"星空.mp4"放置在"地球绿幕.mp4"素材层的下方，此时的"时间轴"面板如图1-22所示。

图1-21　　　　　　　　　　　　　　　　　　　　　　图1-22

03 添加效果。在"效果和预设"面板中搜索"线性颜色键"特效，并拖至"地球绿幕.mp4"图层上，
操作如图1-23所示。

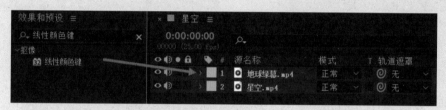

图1-23

04 调整效果。在"效果控件"面板中使用"吸管"工具▓，吸取绿幕，如图1-24所示。吸取之后的
合成效果，如图1-25所示。

图1-24

图1-25

05 此时会发现地球边缘还有少许绿色，如图1-26所示。将"线性颜色键"中的"匹配容差"值设置为22.0%，"效果控件"面板如图1-27所示，地球边缘的绿色便会减少很多。完成全部操作后，在"合成"面板中可以预览视频效果，最终效果如图1-28所示。

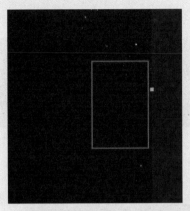

图1-26

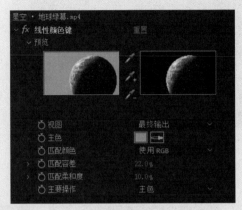

图1-27

图1-28

1.6 本章小结

本章的学习到此结束。通过本章的学习，读者将对特效的概念和特效的制作过程有一个初步的了解。

通过学习本章的案例，读者已经初步体验了 After Effects 软件的强大功能，并对该软件有了初步的了解。

接下来，让我们打开特效世界的大门，走进这个神奇的世界！在这个世界里，我们可以使用 After Effects 软件和各种插件，创造出令人惊叹的视觉效果。无论是电影、电视、广告还是游戏，特效都扮演着至关重要的角色。

通过不断地学习和实践，读者将逐渐掌握 After Effects 软件的各种技巧和功能，并能够制作出更加复杂和精美特效作品。让我们一起探索这个充满创意和想象力的世界，开启特效制作的旅程！

第2章

三维的世界

三维是指在平面二维系中加入了一个方向向量构成的空间系。具体来说，三维是指坐标轴的 3 个轴，即 x 轴、y 轴和 z 轴。其中，x 表示左右空间，y 表示上下空间，z 表示前后空间。

在实际应用中，我们通常用 x 轴来表示左右运动，用 z 轴来表示前后运动，而 y 轴则用来描述上下运动。这种三个轴线的组合为我们提供了视觉上的立体感。简单来说，三维空间就是指由长度、宽度和高度这三个维度所定义的空间。

2.1 三维空间概论

在 After Effects 中，专门提供了三维空间制作工具。在制作部分片段和特效时，三维空间尤为重要。它不但能够制作出阴影、遮挡等由三维空间中对象与对象之间相互产生影响的效果，如图 2-1 所示，还可以通过调整观察视角等方法，制作景深、透视、聚焦及其他的视觉效果，即日常所见的近大远小、近实远虚的效果，如图 2-2 所示。因此，三维空间对于使用 After Effects 制作特效来说尤为重要，只有掌握好三维空间，才能打开特效世界的大门。

图2-1

图2-2

　　然而，相较于其他三维建模软件而言，After Effects 作为一个视频编辑软件最大的区别便是没有建模能力。它所有的三维效果都是基于图层而言的，只能改变其位置、角度等参数。

　　如何将图层转换为三维图层？只需要打开 3D 开关，便会赋予图层一个深度概念——z 轴，具体效果如图 2-3 所示。

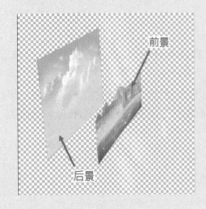

图2-3

2.2 木屋内饰摄像

　　接下来，将通过一个三维空间木屋内饰摄像的实例，介绍如何在 After Effects 中运用三维空间。

2.2.1 木屋内饰搭建

　　首先搭建木屋内饰，如图 2-4 所示，具体的操作步骤如下。

图2-4

01 导入素材。启动After Effects 2023软件，单击"新建项目"按钮，执行"文件"|"导入"|"文件"命令或按快捷键Ctrl+I，导入素材文件夹内的全部文件，并按照顺序将其拖入"时间轴"面板，此时的"项目"面板如图2-5所示。

02 在"项目"面板中右击，在弹出的快捷菜单中选择"新建合成"选项，再在弹出的"合成设置"对话框中进行参数设置，如图2-6所示。

图2-5 图2-6

03 调整图层模式。在"项目"面板中选中"地面"素材，并拖至"时间轴"面板中，打开3D开关，若没有开关，可以单击"切换开关/模式"按钮，如图2-7所示。

图2-7

04 调整地面图层的参数。展开"地面"图层中的"变换"栏，参数设置如图2-8所示。此时的合成效果如图2-9所示。

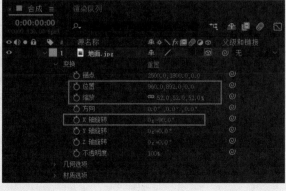

图2-8

提示：若没有开关，可以在面板底部单击"切换开关/模式"按钮。

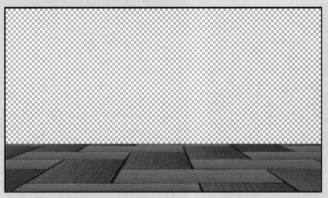

图2-9

05 导入并调整背景图层参数。在"项目"面板中选中"背景"素材，并拖至"时间轴"面板中，打开3D开关，调整"缩放"值改为32%，合成效果如图2-10所示。

图2-10

06 导入并调整"桌子"图层参数。在"项目"面板中选中"桌子"素材，并拖至"时间轴"面板中，调整"缩放"值为32%，"位置"值为1521,841，此时的合成效果如图2-11所示。

图2-11

07 导入并调整"电视"图层参数。在"项目"面板中选中"电视"素材，并拖至"时间轴"面板中，打开3D开关，展开"电视"图层中的"变换"栏，设置参数如图2-12所示，此时的合成效果如图2-13所示。

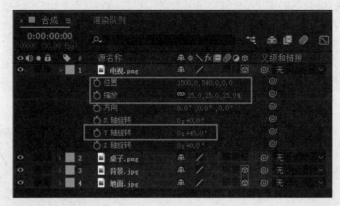

图2-12

图2-13

08 "电视"图层预合成。在"时间轴"面板中选中"电视"图层，右击，在弹出的快捷菜单中选择"预合成"选项，再在弹出的"预合成"对话框中设置参数，如图2-14所示。

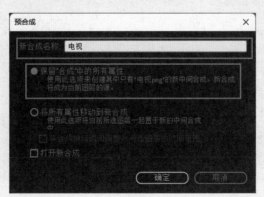

图2-14

09 导入并调整"节目"图层参数。双击打开"电视"合成，在"项目"面板中选中"节目"素材，拖至"时间轴"面板，并将"节目"素材画面覆盖至"电视"素材的屏幕上，设置参数如图2-15所示，此时的合成效果如图2-16所示。

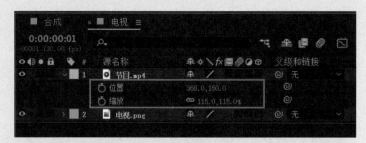

图2-15

图2-16

10 导入并调整"壁炉"图层参数。在"项目"面板中选中"壁炉"素材,并拖至"时间轴"面板中,调整"缩放"值改为75%,"位置"值为539,570,此时的合成效果如图2-17所示。

图2-17

11 壁炉图层预合成。在"时间轴"面板中选中"壁炉"图层,右击,在弹出的快捷菜单中选择"预合成"选项,再在弹出的"预合成"对话框中设置参数,如图2-18所示。

12 绘制壁炉图层蒙版。双击打开"壁炉"合成,使用"工具栏"中的"钢笔工具",将壁炉内部框选出来，如图2-19所示。

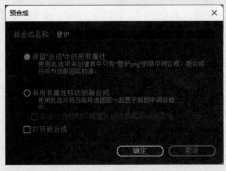

图2-18

图2-19

13 调整蒙版模式。在"时间轴"面板中，展开"壁炉"中的"蒙版"栏，将"蒙版1"模式改为"相减"，如图2-20所示，此时的合成效果如图2-21所示。

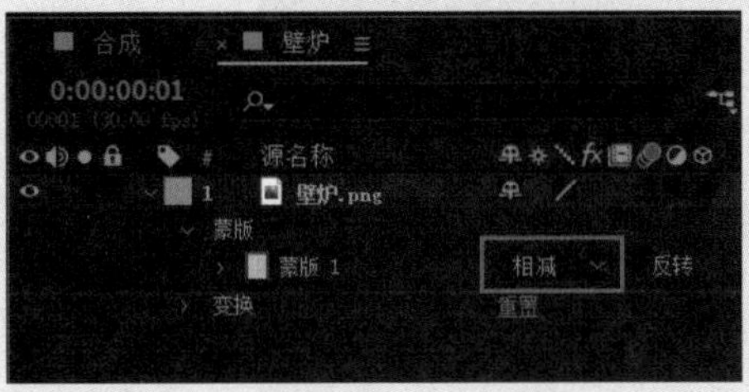

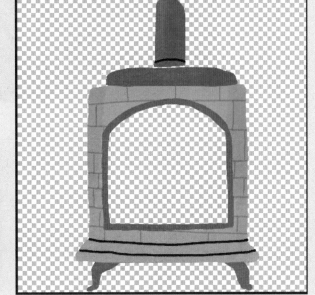

图2-20

图2-21

14 导入并调整火焰图层参数。在"项目"面板中选中"火焰"素材，并拖至"时间轴"面板中，调整"缩放"值为60%，"位置"值为500,500，此时的合成效果如图2-22所示。

图2-22

15 复制并调整"壁炉"图层参数。在"时间轴"面板中选中"壁炉"图层,按快捷键Ctrl+D复制一层,并将复制的图层移至"火焰"图层的下方,将"蒙版1"模式改为"相加",如图2-23所示。整个木屋内饰搭建完成,最终效果如图2-24所示。

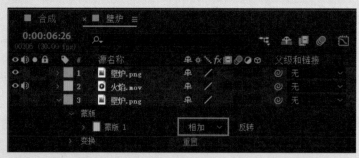

图2-23

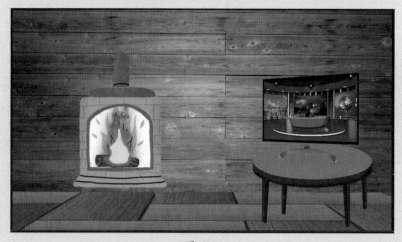

图2-24

2.2.2 摄像机运动设置

具体的操作步骤如下。

01 新建摄像机。在"时间轴"面板中右击，在弹出的快捷菜单中选择"新建"|"摄像机"选项，再在弹出的"摄像机设置"对话框中设置参数，如图2-25所示。

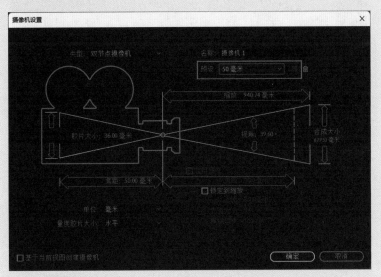

图2-25

02 三维空间分析。若修改"摄像机"的"位置"参数，可以发现"桌子"图层并未移动，此时会涉及二维和三维之间的关系。摄像机对于二维图层的拍摄，类似将图层贴在镜头上，无论怎么移动摄像机，二维图层总是不会发生改变的，此时的合成效果如图2-26所示。

图2-26

03 此处可以很明显地看见"桌子"图层犹如粘贴在摄像机镜头上，并未随场景一起移动。如果打开"桌子"图层的3D开关，就会遇到另一个合成效果上的问题，此时的合成效果如图2-27所示。

04 若发现"壁炉"合成和"桌子"图层都出现了"穿模"的现象，是因为"壁炉"合成、"桌子"图层与"背景"图层都处于三维状态，并且三者的z轴坐标都是0，此时图层与图层之间就会发生冲突，从而导致"穿模"现象的产生，需要修复"穿模"的问题。

图2-27

05 "茶几"图层预合成。在"时间轴"面板中选中"电视"合成和"桌子"图层，右击，在弹出的快捷菜单中选择"预合成"选项，再在弹出的"预合成"对话框中将合成命名为"茶几"。关闭"桌子"图层的3D开关，此时的合成效果如图2-28所示。

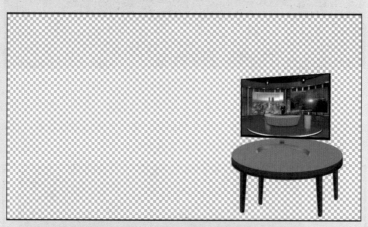

图2-28

06 调整"茶几"图层的参数。选中"茶几"合成，将其"位置"值修改为750,390,-600，此时的合成效果如图2-29所示。

图2-29

07 调整"壁炉"图层参数。选中"壁炉"合成，打开3D开关，将"位置"值修改为539,530,-300，此时的合成效果如图2-30所示。

图2-30

08 创建摄像机关键帧。在"时间轴"面板中选中摄像机，按P键展开"位置"栏，单击"时间变化秒表"按钮创建关键帧，在第0秒时的参数为620,540,-2666。在第5秒时的参数为1300,540,-2666。至此，本案例制作完成，最终效果如图2-31所示。

图2-31

2.3 本章小结

　　本章通过展示木屋内饰摄像案例的制作过程，带领读者深入了解了 After Effects 强大的三维空间搭建方法和流程，感受了 After Effects 的强大三维空间功能。

　　与 Cinema 4D 三维建模软件不同，After Effects 作为一个视频后期软件是没有建模能力的，它所有的三维效果都是基于图层而言的，只能改变其位置、角度等参数，模拟出三维的效果。

　　要将一个图层转换为三维图层，只需要打开图层的 3D 属性开关即可，这样图层对象就自动处于三维空间内。

第3章

色彩的艺术

色彩不仅是我们在设计中最为敏感的形式元素，它还能唤起人们共同的审美快感。此外，色彩也是最具表现力的元素之一，因为它的本质对人们的情绪有着直接的影响。丰富多样的颜色可以被分为两大类：非彩色和彩色。

3.1 Magic Bullet Looks

Red Giant 公司是 After Effects 最大的插件制造商之一，而 Magic Bullet Looks 是该公司出品的调色插件套装 Magic Bullet 中的一个重要插件。

Magic Bullet 是一套用于色彩校正、修饰和影片外观的插件。它凭借强大的实时调色工具、视频去噪和美容修饰功能，可对视频色彩进行调整。该插件可供 After Effects、Vegas 等软件使用，如图3-1 ~ 图3-6 所示。

图3-1

图3-2

色彩校正

Magic Bullet 是一套完整的插件，可为你提供所需的一切。以你想的素材在编辑时间线上看起来更美，拿太次的色调可对素材做细致调色，不仅改进了色彩校正，还可口插播模糊镜头滤镜和影片效果。取好，仍取Looks中添加入和输出的颜色处理功能。Magic Bullet 可以轻松融入你的高端调色工作流程中。

图 3-3

风格化

让你的镜头看起来像矛盾结构息，使用Magic Bullet 中的工具，你们素材可以立即得到电影级的对比度和大胆真电影的调整色调，拥有大量基于进行电影和电影节目的完全可定制的预设，您将在几秒钟内获得精美的效果。

图 3-4

细化

快速平衡肤色，减少皱纹，去除皮肤瑕疵，让他处理瑕疵状态。Magic Bullet让皮肤安排快速而简单，让你的效果自然，让起来毫无压缩感。

图 3-5

清理

轻松你在黑暗中或在高ISO长曝造成的视频噪点。Magic Bullet可以清除噪点，同时还能保留画面中的细节。在调色过程校准果后，Magic Bullet还可以重新引入一些细的颗粒以模拟自然的胶片颗粒，让你的最终成效看起来更真实和未经过处理。

图 3-6

Magic Bullet Looks 插件中内置了 300 多个 Look 预设，这些预设适用于大多数电影和电视节目。这 300 多个预设中的每一个参数都是可以调节的。

在最近的更新中，Magic Bullet Looks 添加了两个新的胶片和镜头模拟工具：光晕和光学漫射。此外，该插件首次在新的颜色管理系统 OpenColorIO-Looks 中显示了 ACES，增强了在混合各种源、制作效果以及在复杂的后期制作中使用调色时的参数调整选项。随着 Magic Bullet 2023.2 的发布，Looks 的新预设充分利用了 ACES 处理功能，如图 3-7 ～图 3-12 所示。

图 3-7

图 3-8

图 3-9

图3-10

图3-11

图3-12

　　在成功安装 Magic Bullet Looks 调色插件后，我们可以在 After Effects 中选中需要调节的素材，通过两种方式来进行操作：一种是直接在选中的素材上添加该插件，另一种是在需要调色的素材上方创建一个该插件的调整层。要进入 Looks 的独立工作界面，我们只需在"效果控件"面板中单击 Edit 按钮，如图 3-13 所示。

图3-13

单击工作界面左下角的 LOOKS 按钮，便会展开 Looks 插件自带的预设列表，如图 3-14 所示，其中包含 200 多个预设，可以满足大多数场景的需求。

单击工作页面左上角的 SCOPES 按钮，便会展开详细的调色曲线，如图 3-15 所示，用户可以从RGB Parade、Slice Graph、Hue/Saturation、Hue/Lightness 和 Memory Colors，五个方面对画面进行更加具体的调色。

图3-14

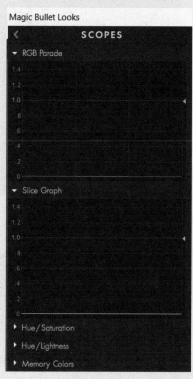

图3-15

单击工作页面右下角的 TOOLS 按钮，便会展开以实际拍摄工作流程为基础的五大分类，即被拍摄物、滤色镜、镜头、摄影机和冲洗，如图 3-16 所示。

图3-16

　　用户可以直接将其拖至画面中，此时，便会弹出图像让用户选择放在哪个步骤中，如图 3-17 所示。

图3-17

　　当然，下方也有明确的步骤分类，用户也可以将其拖至下方的步骤分类中，如图 3-18 所示。

图3-18

拖入后，单击工作页面右上角的 CONTROLS 按钮，即可对拖入的效果参数进行修改，如图 3-19 所示。

图3-19

最后单击右下角的 ☑ 按钮即可保存设置，退出 Looks 插件的工作界面。

3.2 肃穆风格调色

面对任何一个调色画面，都需要进行一定的分析。首先从色相出发，确定整体的色调。明确色调之后，就需要考虑明暗关系、对比度、冷暖度和饱和度。其中，还需要考虑各个关系之间的联系，例如明暗关系比较强烈，对比度也需要进行适当上调。接下来先展示本案例的前后对比效果，如图 3-20 所示。

图3-20

提示：本案例中，根据所选素材，我们已提前准备好色调色卡。

3.2.1 前期准备——色调

具体的操作步骤如下。

01 启动 After Effects 2023 软件，单击"新建项目"按钮，执行"文件"|"导入"|"文件"命令或按快捷键 Ctrl+I，导入"调色.mp4"和"色卡.png"素材文件，此时的"项目"面板如图3-21所示。

图3-21

02 在"项目"面板中，将"调色.mp4"和"色卡.png"素材依次拖入当前的"时间轴"面板。然后，将"色卡.png"放置在"调色.mp4"素材层的上方，并对"色卡.png"的"缩放"和"位置"值进行适当修改，以达到更好的合成效果，如图3-22所示。

图3-22

03 在"时间轴"面板中，右击，在弹出的快捷菜单中选择"新建"|"调整图层"选项，创建一个新的调整图层。然后，修改调整图层在"时间轴"面板中的位置，如图3-23所示。

图3-23

04 选中调整图层，右击，在弹出的快捷菜单中选择"效果"|"颜色校正"|"色调"和"效果"|"颜色校正"|"三色调"选项，为调整图层添加色调和三色调效果。添加之后，"效果控件"面板如图3-24所示，合成效果如图3-25所示。

After Effects特效合成实战攻略

图3-24

图3-25

05 在"效果控件"面板中，修改"色调"|"着色数量"参数值为 20%，以调整整体色调。然后，修改"三色调"|"与原始图像混合"参数值为 90%，以增强画面的色彩层次感，此时的合成效果如图3-26 所示。

图3-26

06 在"效果控件"面板中，单击"色调"|"将黑色映射到"|"颜色吸管"按钮▣，在"色卡.png"图层中吸取麒麟竭色。然后，单击"色调"|"将白色映射到"|"颜色吸管"按钮▣，在"色卡.png"图层中吸取赤灵色，此时的合成效果如图3-27 所示。

图3-27

07 在"效果控件"面板中，单击"三色调"|"高光"|"颜色吸管"按钮📷，在"色卡.png"图层中吸取赤灵色。然后，单击"三色调"|"中间调"|"颜色吸管"按钮📷，在"色卡.png"图层中吸取丹秫色。最后，单击"三色调"|"阴影"|"颜色吸管"按钮📷，在"色卡.png"图层中吸取木兰色。在"时间轴"面板中隐藏色卡，最终的合成效果前后对比如图3-28所示。

图3-28

至此，画面主体色调已确认。通过对比图可以很明显地发现，画面整体的红色大幅度增加，成功营造了中国古风的肃穆气氛。接下来将介绍如何对明暗关系和对比度等详细参数进行修改。

3.2.2　前期准备——明暗关系

具体的操作方法如下。

01 选中调整图层，右击，在弹出的快捷菜单中选择"效果"|"颜色校正"|"曲线"选项，为调整图层添加曲线效果。添加之后的"效果控件"面板如图3-29所示。

02 在"效果控件"面板中，修改"曲线"参数，压低整体亮度，参数设置如图3-30所示。这样可以增强画面的明暗对比度，使得画面更加生动。

03 为调整图层再添加一个"曲线"效果，用于保证暗部细节不会丢失。具体参数设置如图3-31所示。这样可以保证画面中暗部细节的清晰度，同时不会影响画面的整体亮度。合成效果的前后对比如图3-32所示。

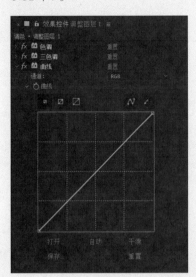

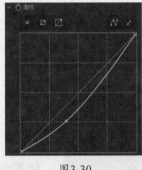

图3-29 图3-30 图3-31

图3-32

观察前后对比图可以发现，经过调整后的画面暗部变得更暗，但是并未丢失太多细节，并且相比于调整前的画面，在光源处的泛光也有一部分减弱。这样的调整使画面更加符合肃穆古风的氛围，同时也保留了画面的细节和质感。

3.2.3　前期准备——对比度、冷暖度、饱和度

具体的操作步骤如下。

01 选中调整图层，右击，在弹出的快捷菜单中选择"效果"|"颜色校正"|"亮度和对比度"选项，为调整图层添加"亮度和对比度"效果。添加之后的"效果控件"面板如图3-33所示。

02 在"效果控件"面板中，修改"亮度和对比度"|"亮度"参数值为-8，以降低画面的亮度。然后，修改"亮度和对比度"|"对比度"参数值为-4，以增强画面的对比度。最后，打开"亮度和对比度"|"使用旧版（支持 HDR）"开关，以获得更好的调整效果，具体的参数设置如图3-34所示。这样可以使画面更加深沉、神秘，符合肃穆古风的氛围。

图3-33　　　　　　　　　　　　　　　　　　图3-34

03 选中调整图层，右击，在弹出的快捷菜单中选择"效果"|"颜色校正"|"色相/饱和度"选项，为调整图层添加"色相/饱和度"效果。添加之后的"效果控件"面板如图3-35所示。

04 在"效果控件"面板中，修改"色相/饱和度"|"主色相"参数值为+4。这样可以调整画面的主色调，使其更加符合肃穆古风的氛围，具体的参数设置如图3-36所示。这样可以使画面中的红色更加鲜艳，增强画面的视觉冲击力。

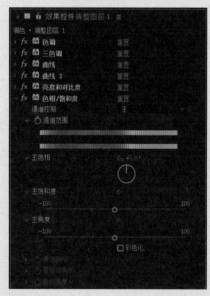

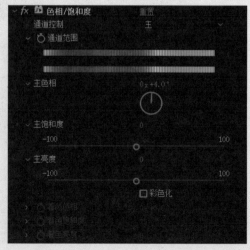

图3-35　　　　　　　　　　　　　　　　　　图3-36

05 选中调整图层，右击，在弹出的快捷菜单中选择"效果"|"颜色校正"|"自然饱和度"选项，为调整图层添加"自然饱和度"效果。添加之后的"效果控件"面板如图3-37所示。

06 在"效果控件"面板中，修改"自然饱和度"|"自然饱和度"参数值为-10.0，以降低画面的整体饱和度。然后，修改"自然饱和度"|"饱和度"参数值为-15.0，以进一步降低画面的饱和度，具体参数设置如图3-38所示。这样可以使画面更加阴郁、神秘，符合肃穆古风的氛围。最终的合成效果前后对比如图3-39所示。

图3-37

图3-38

图3-39

07 选中调整图层，为其添加"自然饱和度"和"饱和度"效果，适当降低画面饱和度。这是为了为后期使用 Magic Bullet Looks 插件调色做准备。

3.2.4 步入 Magic Bullet Looks

具体的操作步骤如下。

01 选中调整图层，右击，在弹出的快捷菜单中选择"效果"|RG Magic Bullet|Looks选项，为调整图层添加 Looks效果。添加之后的"效果控件"面板如图3-40所示。

02 在"效果控件"面板中，单击Looks|Look|Edit按钮，进入Looks独立的工作界面，对画面进行调色。Looks工作界面如图3-41所示，在这里可以对画面的颜色、对比度、亮度等参数进行调整，以进一步增强画面的视觉效果，使其更加符合肃穆古风的氛围。

图3-40 图3-41

03 单击左下角的LOOKS按钮打开预设菜单，选择Grading Setups|4 Way Video Grading选项，步骤分类界面如图3-42所示。这样可以使用预设的颜色分级设置快速调整画面的颜色和对比度，使其更加符合肃穆古风的氛围。

图3-42

04 单击右下角TOOLS按钮打开步骤菜单，添加Subject|Shadows/Highlight、Subject|LUT、Lens|Edge softness、Matte|Color Filter、Post|Curves选项。添加后步骤分类界面如图3-43所示。这样可以对画面的不同部分进行精细调整，进一步增强画面的视觉效果。

图3-43

05 单击右上角的CONTROLS按钮打开参数菜单，选中步骤菜单中的Shadows/Highlight选项，修改Shadows参数值为+1.00，以增强画面的阴影部分；修改Highlight参数值为+0.25，以降低画面的高光部分。具体参数设置如图3-44所示。这样可以使画面的明暗对比更加明显，增强画面的视觉冲击力。

图3-44

06 选中步骤菜单中的LUT选项,修改LUT模式为Maxine,以增强画面的颜色对比度和饱和度;修改Strength参数值为40%,以控制LUT效果的强度。最终的合成效果如图3-45所示。可以看到,经过调整后的画面更加鲜艳、饱和,符合肃穆古风的氛围。

图3-45

07 选中步骤菜单中的Color Filter选项,修改Exposure Compensation参数值为+0.50,以增强画面的亮度;修改Color|RGB值参数分别为1.000、0.950、0.950,以调整画面的颜色,具体参数设置如图3-46所示。这样可以使画面更加明亮、鲜艳。

08 选中步骤菜单中的Edge Softness选项,修改Blur Size参数值为1.00%,以轻微模糊画面的边缘,使其更加柔和;修改Quality参数值为10,以控制模糊效果的质量,具体参数设置如图3-47所示。这样可以使画面的边缘更加柔和,增强画面的视觉效果。

图3-46

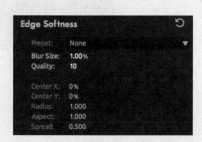

图3-47

09 选中步骤菜单中的Curves选项,修改RGB参数值均为+0.100,以增强画面的对比度;修改Red参数值为+0.500,以增强画面的红色;修改Green参数值为-0.500,以降低画面的绿色;修改Blue参数值为-0.500,以降低画面的蓝色,具体参数设置如图3-48所示。

第3章 色彩的艺术

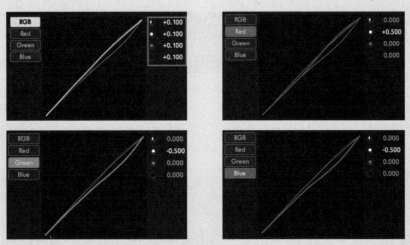

图3-48

10 保存设置，退出 Looks工作面板，最终效果对比如图3-49所示。可以看到，经过调整后的画面更加符合肃穆古风的氛围，色彩鲜艳、饱和，明暗对比明显，画面边缘柔和。

图3-49

3.3 本章小结

　　本章带领读者理解了调色的基本概念和基本步骤，学会了调色的基础操作，并介绍了 Magic Bullet Looks 这款插件的强大功能。通过使用 Magic Bullet Looks 插件，读者可以更加方便、快捷地进行调色操作，调整画面的颜色、对比度、亮度等，以达到所需的视觉效果。同时，读者还学习了如何使用预设和调整不同的效果参数，以进一步增强画面的视觉效果。

第4章

万能的粒子

粒子特效旨在模拟现实中水、火、雾和气等现象，其原理是通过将无数的单个粒子进行组合，使其呈现固定形态，并通过控制器和脚本控制其整体或单个的运动，以模拟现实的效果。

4.1 Trapcode Particular

Red Giant 公司是 After Effects 最大的插件制造商之一，而 Trapcode Particular 是该公司出品的调色插件套装 Trapcode 中的一个重要插件。Trapcode 将先进的 3D 粒子系统引入了 After Effects，使用户能够轻松地使用粒子发射器来创建各种令人惊叹的视觉效果，如火、水、烟、雪等。此外，Trapcode 还提供了粒子网格和 3D 形式等先进的功能，让用户能够制作出更加独特和震撼的特效，如图 4-1 ～图 4-7 所示。

图4-1

图4-2

TRAPCODE

物理与流体

Trapcode 包括一个物理引擎，具有强大的行为、力量和环境控制。Particular通过新的蜂群/群落和捕食者/猎物行为给粒子带来了生命，并通过结合反弹和空气物理学增加了更多的真实性。Particular和Form都包含了创建有机流体模拟的能力。其中粒子系统的交互效果非常漂亮。

图4-3

TRAPCODE

3D对象与曲面

创建流动的表面、山地地形、无尽的隧道和抽象的形状。使用路径和运动来生成精美复杂的几何形状。丝带和拉压，无论你是在创建运动图形还是视觉效果，可能性都是无穷的。

图4-4

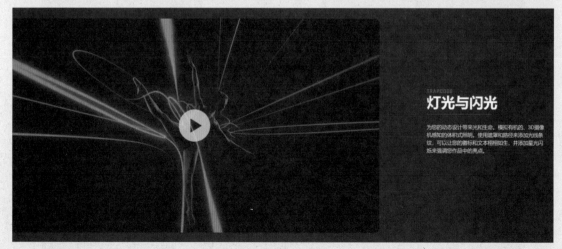

TRAPCODE

灯光与闪光

为您的动态设计带来光和生命，模拟有机的、3D摄像机感知的体积式照明。使用遮罩和路径来添加光线条纹，可以让您的图标和文本栩栩如生，并添加星光闪烁来强调您作品中的亮点。

图4-5

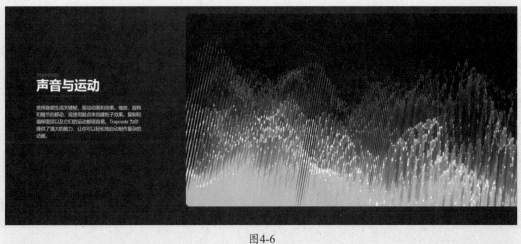

图4-6

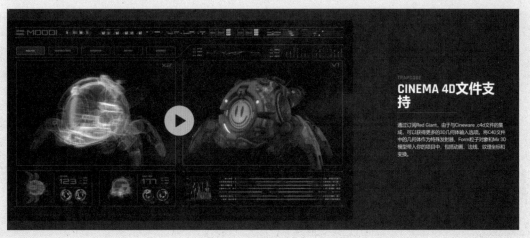

图4-7

Trapcode Particular 能够生成各种自然效果，如烟、火、闪光等，也可以生成有机和高科技风格的图形效果。对于运动图形设计而言，Trapcode Particular 非常有用。将其他层作为贴图，并使用不同参数，可以进行无止境的独特设计，如图 4-8 ~ 图 4-12 所示。

图4-8

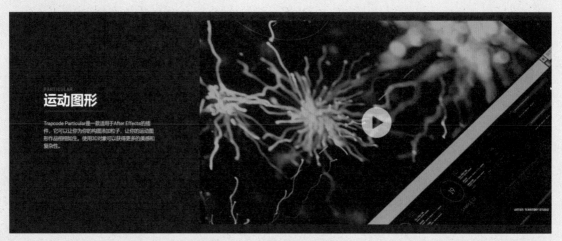

图4-9

图4-10

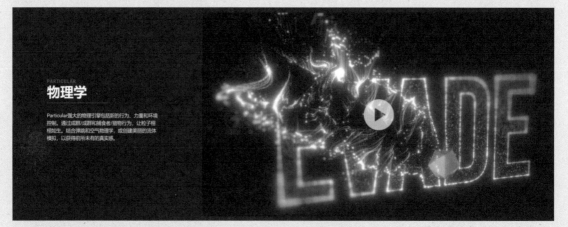

图4-11

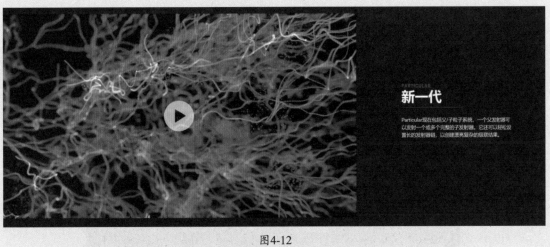

图4-12

Logo 粒子效果如图 4-13 所示。

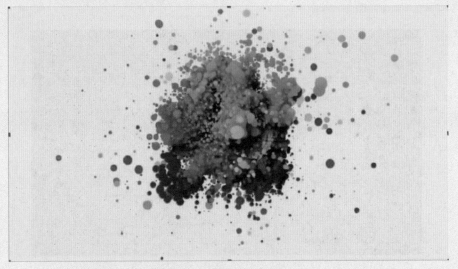

图4-13

逼真的冲击波效果如图 4-14 所示。

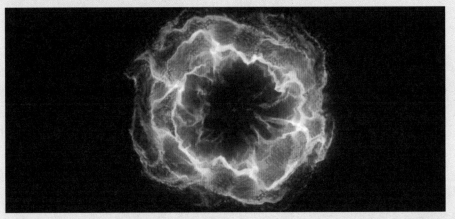

图4-14

星云效果如图 4-15 所示。

图4-15

三维科技风人头像如图 4-16 所示。

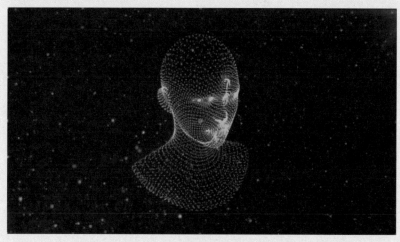

图4-16

4.2 人物随风消散

人物随风消散特效主要由 3 个步骤组成，分别是：

第一步，对绿幕素材进行处理。由于资金限制，特效团队通常不会自行拍摄所有特效，而是从网络上获取部分绿幕素材用于制作，这样可以节省人力、物力，并缩短制作周期。

第二步，制作粒子效果。例如，在本案例中，需要制作人物粒子消散的效果，因此需要制作粒子。

第三步，制作人物底片。在本案例中，考虑到粒子消散后，消散的部分应该消失，因此采用蒙版来制作。

4.2.1 绿幕素材处理

具体的操作步骤如下。

01 导入素材。启动 After Effects 2023 软件，单击"新建项目"按钮，执行"文件"|"导入"|"文件"命令或按快捷键 Ctrl+I，导入"人物.mp4"和"室内.png"素材，并将其拖入"时间轴"面板，此时的"项目"面板如图4-17所示。

02 去除绿幕。选中"人物.mp4"图层，右击，在弹出的快捷菜单中选择"效果"|"抠像"|"线性颜色键"和"效果"|"颜色校正"|"色相/饱和度"选项。添加之后的"效果控件"面板如图4-18所示。

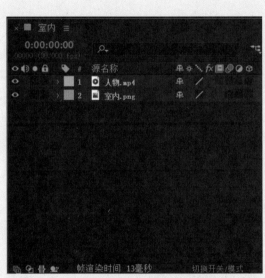

图4-17   图4-18

第4章 万能的粒子

03 在"效果控件"面板中，单击"线性颜色键"|"预览"|"颜色吸管"按钮，吸取"合成"面板中的绿色，如图4-19所示。此时可以发现人物周围出现了一层绿色的描边，合成效果如图4-20所示。

图4-19

图4-20

04 修改"色相/饱和度"|"通道控制"属性为"绿色",如图4-21所示。

05 修改"色相/饱和度"|"绿色饱和度"和"色相/饱和度"|"绿色亮度"值均为-100,合成效果如图 4-22所示。此时,绿色描边已经减弱了很多。

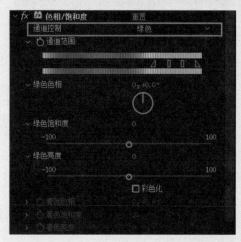

图4-21

图4-22

06 选中"人物.pm4"图层,右击,在弹出的快捷菜单中选择"效果"|"颜色校正"|"Lumetri 颜色"选项。添加后,在"效果控件"面板中展开"Lumetri 颜色"|"基本校正"栏,单击"自动"按钮,如图4-23所示。

图4-23

07 为了与室内色温色调同步，修改"Lumetri 颜色"|"基本校正"|"颜色"|"色温"和"Lumetri 颜色"|"基本校正"|"颜色"|"色调"参数，将"色温"值改为 10，"色调"值改为 3。调整后的合成效果如图4-24 所示。

图4-24

4.2.2 制作粒子效果

具体的操作步骤如下。

01 在"时间轴"面板中右击，在弹出的快捷菜单中选择"新建"|"纯色"选项，再在弹出的"纯色设置"对话框中设置参数，如图4-25 所示。

图4-25

02 选中"粒子"图层，右击，在弹出的快捷菜单中选择"效果"|Trapcode|Particular选项。添加之后的合成效果如图4-26 所示。

03 创建粒子路径。选中"人物.mp4"图层，按快捷键Ctrl+D复制一层，打开复制图的"独奏"开关，操作如图4-27所示。

图4-26

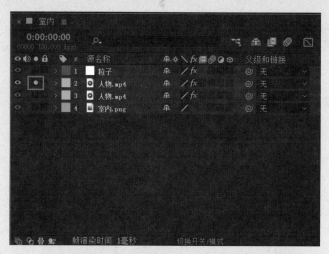

图4-27

04 绘制蒙版。在4秒时，使用工具栏中的"钢笔工具"绘制蒙版，操作如图4-28所示。

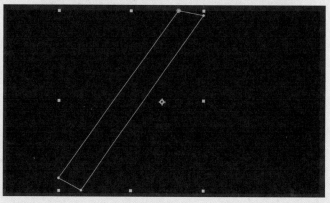

图4-28

05 创建关键帧。展开"人物.mp4"|"蒙版"|"蒙版1"栏，为"蒙版路径"创建关键帧，操作如图
4-29所示。

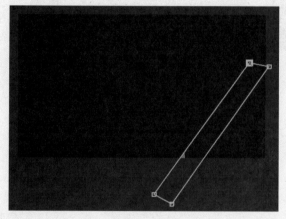

图4-29

06 在第8秒时，移动蒙版的位置，操作如图4-30所示，操作时，需要保证4秒之前不会出现人物，8秒之后不会出现人物。

07 粒子路径预合成。选中复制的"人物.mp4"图层并右击，在弹出的快捷菜单中选择"预合成"选项，在弹出的"预合成"对话框中设置参数，如图4-31所示。

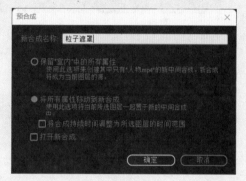

图4-30　　　　　　　　　　　　图4-31

08 调整粒子效果。打开"粒子遮罩"的3D开关，如图4-32所示。

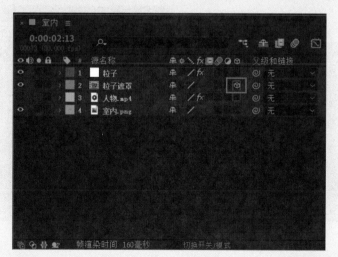

图4-32

09 选中"粒子"图层，在"效果控件"面板中修改"发射器"|"发射器类型"为"图层"，如图4-33所示。

第4章 万能的粒子

10 在"效果控件"中修改"发射器"|"图层发射器"|"图层"为"3.粒子遮罩",如图4-34所示。

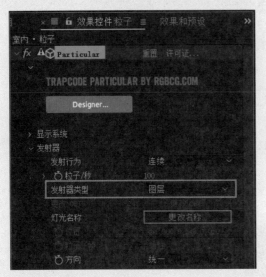

图4-33

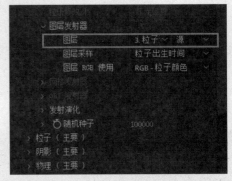

图4-34

11 在"效果控件"面板中修改"发射器"|"粒子/秒"为100000,如图4-35所示。

12 在"效果控件"面板中修改"粒子(主要)"|"尺寸"为10.0,如图4-36所示。

图4-35

图4-36

13 设置粒子向左上角飘散,在"效果控件"面板中修改"物理(主要)"|"空气"|"风向X"和"物理(主要)"|"空气"|"风向Y"值,如图4-37所示,合成效果如图4-38所示。

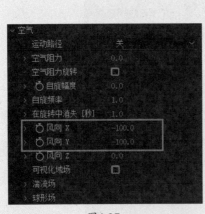

图4-37

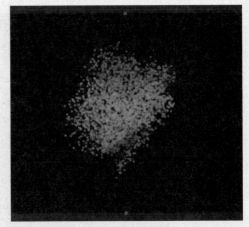

图4-38

14 在"效果控件"面板中修改"粒子(主要)"|"尺寸随生命变化"和"粒子(主要)"|"透明度随时间变化"值,选择其中的"钢笔工具" ✎ 进行修改,参数如图4-39所示。

图4-39

4.2.3 制作人物底片

具体的操作步骤如下。

01 创建人物底片。在"项目"面板中选中"粒子遮罩"图层，按快捷键Ctrl+D复制一层，按Enter键修改名字，如图4-40所示。

02 调整人物底片。将"人物底片"素材拖至"时间轴"面板中，删除"人物.mp4"图层，隐藏"粒子遮罩"图层，如图4-41所示。

图4-40

图4-41

03 在"时间轴"面板中双击"人物底片"图层，进入"人物底片"预合成，如图4-42所示。

图4-42

04 在4秒时，选中"人物.mp4"图层，按两次M键，展开蒙版，如图4-43所示。

图4-43

05 修改蒙版。在"合成"面板中修改蒙版的形状，如图4-44所示。

图4-44

06 在8秒时，修改蒙版，此处是为了让人物底片与粒子效果同步，不露出破绽，操作如图4-45所示。

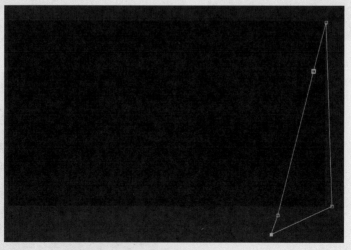

图4-45

07 在"时间轴"面板中修改"蒙版1"|"蒙版羽化"值，如图4-46所示。最终的合成效果如图4-47
所示。

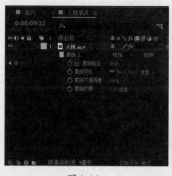

图4-46

图4-47

4.3 逼真火焰效果

火焰特效主要由4步骤完成，分别如下。

第一步，前期准备：在一些特殊情况下，部分插件可能需要使用特殊的颜色格式。

第二步，制作火焰雏形：例如在本案例中，需要制作火焰效果。

第三步，制作火焰光效及背景：火焰效果所产生的光影和对背景产生的光照都需要考虑在内，这时可以使用 Deep Glow 插件进行制作。

第四步，后期调色：火焰在燃烧过程中会导致空气产生扭曲和模糊，这时可以使用 Looks 插件进行制作。

4.3.1 前期准备

具体的操作步骤如下。

01 新建合成。启动After Effects 2023软件，单击"新建项目"按钮。在"项目"面板中右击，在弹出的快捷菜单中选择"新建合成"选项，在弹出的"合成设置"对话框中设置参数，如图4-48所示。

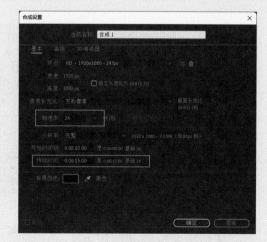

图4-48

02 新建纯色层。在"时间轴"面板中右击，在弹出的快捷菜单中选择"新建"|"纯色"选项，再在弹出的"纯色设置"对话框中设置参数，如图4-49所示。

03 添加粒子效果。选中"火焰合成"图层,右击,在弹出的快捷菜单中选择"效果"|RG Trapcode|Particular选项,添加之后的合成效果如图4-50所示。

图4-49

图4-50

04 调整项目参数。在"项目"面板底部单击"项目设置"按钮 ,并在弹出的"项目设置"对话框中修改参数,如图4-51所示。

图4-51

05 进入Particular独立工作界面。在"效果控件"中单击Designer按钮,打开Particular独立工作界面,如图4-52所示。

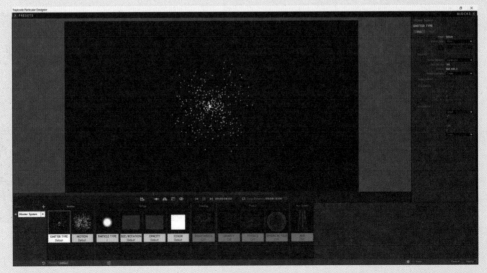

图4-52

06 添加预设。单击左上角PRESETS按钮展开预设，选择Fluid|Candle Flame选项，单击右下角的Apply 按钮保存设置，合成效果如图4-53所示。

图4-53

4.3.2 制作火焰雏形

具体的操作步骤如下。

01 调整粒子效果。在"效果控件"面板中，修改"发射器"栏下的多个参数，如图4-54所示，此时的 合成效果如图4-55所示。

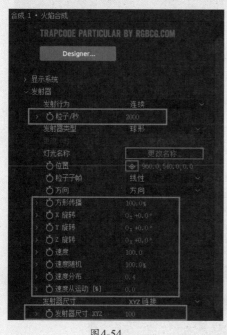

图4-54   图4-55

02 在"效果控件"面板中，修改"粒子"栏下的多个参数，如图4-56所示。

03 在"效果控件"面板中，展开"粒子"|"尺寸随生命变化"栏，单击"重置"按钮，如图4-57 所示。

第4章 万能的粒子

图4-56　　　　　　　　　　　　　　　　　　　图4-57

04 在"效果控件"面板中，继续修改"粒子"栏下的多个参数，如图4-58所示，此时合成的效果如图
4-59所示。

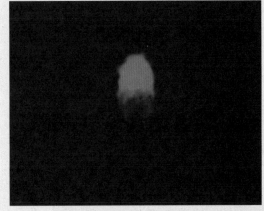

图4-58　　　　　　　　　　　　　　　　　　　图4-59

05 在"效果控件"面板中，修改"物理（主要）"|"流体"|"力区域大小"值为800，合成效果如图
4-60所示。

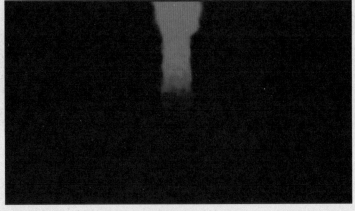

图4-60

06 新建摄像机。在"时间轴"面板中右击,在弹出的快捷菜单中选择"新建"|"摄像机"选项,再在弹出的"摄像机设置"对话框中设置参数,如图4-61所示。

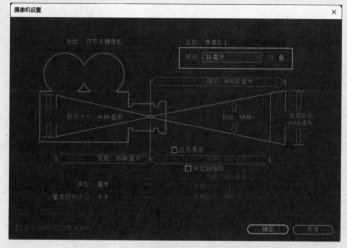

图4-61

07 调整摄像机参数。使用"工具栏"中的"向光标方向推拉镜头工具"和"在光标下移动工具"进行调整,保证画面中能出现火焰的全景,合成效果如图4-62所示。

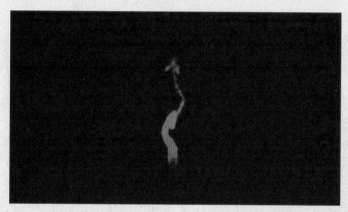

图4-62

08 调整粒子效果。在"效果控件"面板中,修改"物理(主要)"栏下多个参数,如图4-63所示。

图4-63

4.3.3 制作火焰光效及背景

具体的操作步骤如下。

01 添加辉光效果。在"效果和预设"面板中搜索Deep Glow,并拖至"火焰合成"中,合成效果如图4-64所示。

02 调整辉光效果。在"效果控件"面板中，修改Deep Glow的多个参数，如图4-65所示。

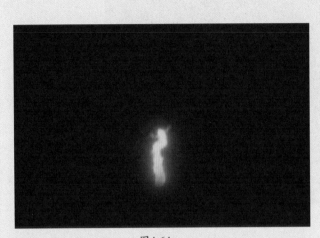

图4-64

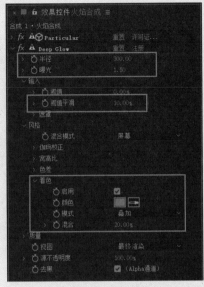

图4-65

03 添加效果。在"效果和预设"面板中搜索Channel Mixer，并拖至"火焰合成"上，修改Channel Mixer|Red|Const值为0.2，合成前后的效果如图4-66所示。

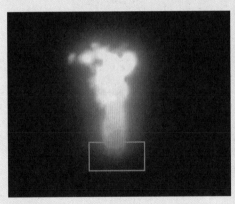
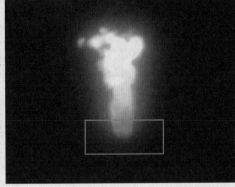

图4-66

04 新建背景。在"时间轴"面板中右击，在弹出的快捷菜单中选择"新建"|"纯色"选项，再在弹出的"纯色设置"对话框中设置参数，如图4-67所示。

图4-67

05 调整图层。调整"时间轴"面板中图层之间的位置，如图4-68所示。

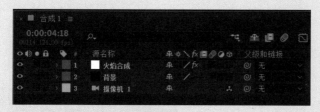

图4-68

06 选中全部图层，右击，在弹出的快捷菜单中选择"预合成"选项，再在弹出的"预合成"对话框中设置参数，如图4-69所示。

07 添加效果。双击打开"火焰"合成，在"效果和预设"面板中搜索uni.Gradient Ramp，并拖至"背景"上，合成效果如图4-70所示。

图4-69

图4-70

08 调整效果。在"效果控件"面板中，修改uni.Gradient Ramp的多个参数，如图4-71所示，合成效果如图4-72所示。

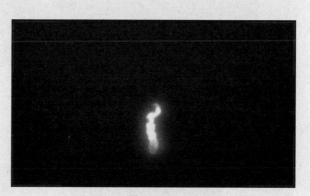

图4-71

图4-72

4.3.4 后期调色

具体的操作步骤如下。

01 新建调整图层。在"时间轴"面板中右击，在弹出的快捷菜单中选择"新建"|"调整图层"选项。选中调整图层右击，在弹出的快捷菜单中选择"效果"|RG magic Bullet|Looks选项，如图4-73所示。

02 添加预设。单击Edit按钮进入Looks工作面板，选择LOOKS|Grading Setups|4 Way Video Grading预设，如图4-74所示。

图4-73

图4-74

03 添加效果。单击TOOLS按钮，展开效果窗口，为Matte添加Color Filter效果，为Lens添加Swing-Tilt效果，合成效果如图4-75所示。

图4-75

04 调整效果。在CONTROLS面板中对Color Filter参数进行调整，如图4-76所示。

05 在CONTROLS面板中对Swing-Tilt参数进行调整，如图4-77所示。

图4-76

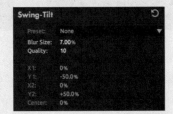

图4-77

After Effects特效合成实战攻略

06 在右下角单击 ✅ 按钮保存，最终合成效果如图4-78所示。

图4-78

4.4 本章小结

  本章带领读者对 Trapcode Particular 插件有了初步的了解，介绍了该插件的基础操作，并通过实例展示了如何使用 Trapcode Particular 插件制作特效。通过本章的学习，读者成功迈入了特效插件世界的大门。

  Trapcode Particular 插件是一款功能强大的粒子插件，它可以创建各种类型的粒子效果，如烟雾、火焰、水流、星空等。通过对该插件的学习，读者可以掌握一些基本的粒子概念和操作，并能够制作出简单的粒子特效。

  在学习过程中，读者需要掌握插件的基本操作，如粒子的创建、属性的设置、发射器的调整等。同时，读者还需要了解插件的一些高级技巧，如粒子的碰撞、力场的应用、粒子的材质和贴图等。

  通过本章的学习，读者可以对粒子特效有一个初步的认识，并能够制作出一些简单的粒子效果。同时，读者也可以开始探索其他的粒子插件和特效制作技巧，以提高自己的制作水平和创意能力。

第5章

抠像的魔术

　　"抠像"这个词源于早期的电视制作，英文称为 Key，意思是吸取画面中的某种颜色作为透明色，并将其从画面中抠去，从而使背景变得透明，进而将两个或多个画面进行叠加合成。通过这种技术，在室内拍摄的人物经过抠像处理后，可以与各种景物叠加在一起，形成令人惊叹的艺术效果。这种独特的合成方式不仅体现了电视制作技术的先进性，更为创作者带来了无限的创意空间，使画面呈现神奇的魅力和艺术感，如图 5-1 所示。

图5-1

　　抠像因其神奇的功能成为电视制作中常用的技巧。在早期的电视制作中，抠像需要昂贵的硬件支持，并对拍摄的背景有着极为严格的要求，必须在特定的蓝色背景下进行拍摄，同时对光线条件也有严格的控制。然而，技术发展使抠像变得更加容易，但其高昂的价格使许多中小单位望而却步，无法承担这一成本。

　　现如今，大多数非线性编辑软件都能实现抠像特效，例如 After Effects 和 VJ Director 等。这些软件对背景颜色的要求也相对宽松，使抠像过程变得更加灵活和方便。随着技术的不断进步，抠像将继续在电视制作中发挥重要作用，为影视创作带来更多可能性。

5.1 After Effects 抠像神器

　　本节介绍两款 After Effects 的抠像神器 KEYLIGHT 和 Primatte Keyer。

5.1.1 After Effects 抠像神器——KEYLIGHT

　　KEYLIGHT 是一款备受赞誉、经过产品验证的蓝绿屏幕抠像插件。它易于使用，在处理反射、半透明区域和头发等方面表现出色。内置的颜色溢出抑制功能使抠像结果更接近真实照片，而非合成效果。多年来，KEYLIGHT 不断改进，旨在使抠像过程更加高效、简便，同时还深入挖掘了工具功能，以应对处理最具挑战性的镜头。

　　作为一个集成了多种工具的插件，KEYLIGHT 提供了 erode、软化、despot 等操作，以满足不同需求。此外，它还包含各种颜色校正、抑制和边缘校正工具，使用户可以更加精细地微调抠像结果。

截至 2023 年，KEYLIGHT 已经被应用在数百个项目上，包括电影《理发师陶德》《地球停转之日》《大侦探福尔摩斯》《2012》《阿凡达》《爱丽丝梦游仙境》《诸神之战》等。

KEYLIGHT 能够无缝集成到一些世界领先的合成和编辑系统，包括 Autodesk 媒体和娱乐系统、Avid DS、Fusion、NUKE、Shake 和 Final Cut Pro。此外，它还可以与 After Effects 一起捆绑。如图 5-2 和图 5-3 所示。

图5-2

图5-3

5.1.2 After Effects 抠像神器——Primatte Keyer

Red Giant 公司是 After Effects 最大的插件制造商之一，Primatte Keyer 是该公司出品的插件套装 Keying Suite 中的一款，应用于视频后期制作中，可以将人物或物体与背景自然分离，方便后续加入各种特效。

该插件操作简单，只需使用插件工具进行一些基础设置和参数调整，就可以实现高质量的图像抠像效果，如图 5-4 ~图 5-6 所示。

图5-4

图5-5

图5-6

5.2 电视节目合成

电视节目的合成效果主要由以下三个步骤组成。

第一步，素材处理，需要消除绿幕素材中的绿幕。

第二步，画面融合，使素材与素材之间的过渡更加自然，避免出现明显的区别。

第三步，整体调色，使整体素材的色调更符合实际情况，例如本案例中，需要让屏幕散发出来的泛光更加逼真。

5.2.1 素材处理

具体的操作步骤如下。

01 导入素材。启动After Effects 2023软件，单击"新建项目"按钮，执行"文件"|"导入"|"文件"命令或按快捷键Ctrl+I，导入"背景.mp4""主持人.mp4""科技城市.mp4"素材文件，"项目"

面板如图5-7所示。

02 新建合成。在"项目"面板中右击，在弹出的快捷菜单中选择"新建合成"选项，再在弹出的"合成设置"对话框中调整参数，如图5-8所示。

图5-7   图5-8

03 添加效果。将"背景.mp4"素材拖至"时间轴"面板中，选中"背景"图层，右击，在弹出的快捷菜单中选择"效果"|"抠像"|"线性颜色键"选项，如图5-9所示。

04 调整效果。在"效果控件"中单击"预览"|"主色"|"颜色吸管工具"按钮，吸取"合成"面板中的绿色，合成效果如图5-10所示。

图5-9   图5-10

05 放大屏幕边缘，效果如图5-11所示，可以发现残留部分绿幕并未处理干净。

06 在"效果控件"面板中，修改"预览"|"匹配容差"值为30%，修改"预览"|"匹配柔和度"值为5%，合成效果如图5-12所示，可以发现残留绿幕已被清除干净。

07 调整图层。将"主持人.mp4"素材拖至"时间轴"面板，并放在"背景.mp4"图层下，如图5-13所示。

图5-11　　　　　　　　　　　　　　　图5-12

图5-13

08 选中"主持人.mp4"图层，按S键展开"缩放"参数，并修改为60%，按P键展开"位置"参数，并修改为960,435，合成效果如图5-14所示。

图5-14

09 新建预合成。选中"主持人.mp4"图层，右击，在弹出的快捷菜单中选择"预合成"选项，再在弹出的"预合成"对话框中修改参数，如图5-15所示。

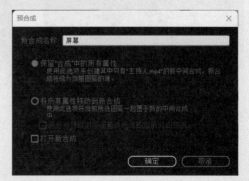

图5-15

10 添加效果。双击打开"屏幕"合成，选中"主持人.mp4"图层，右击，在弹出的快捷菜单中选择
"效果"|"杂色与颗粒"|"移除颗粒"选项，如图5-16所示。

11 调整效果。在"效果控件"面板中，修改"查看模式"模式为"最终输出"，如图5-17所示。

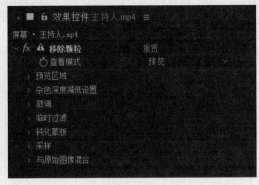 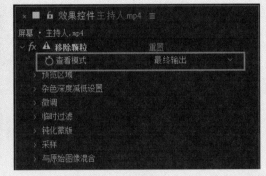

图5-16   图5-17

12 在"效果控件"面板中，修改"杂色深度减低设置"|"杂色深度减低"值为3，这样整体噪点就少
很多，合成效果如图5-18所示。

图5-18

13 添加效果。选中"主持人.mp4"图层，右击，在弹出的快捷菜单中选择"效果"|Key
Correct|Smooth Screen选项，如图5-19所示。

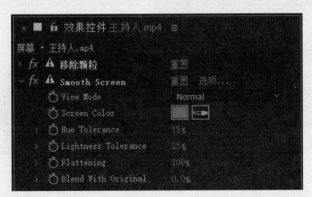

图5-19

14 调整效果。在"效果控件"中单击Smooth Screen|Screen Color|"颜色吸管工具"按钮，吸取"合
成"面板中的绿色，这样绿幕的色差就小很多，合成效果如图5-20所示。

第5章 抠像的魔术

图5-20

15 添加效果。选中"主持人.mp4"图层，右击，在弹出的快捷菜单中选择"效果"|Primatte|Primatte Keyer选项，此时的"效果控件"面板如图5-21所示。

16 调整效果。在"效果控件"面板中，修改"键控"|"取样类型"改为"矩形"，如图5-22所示。

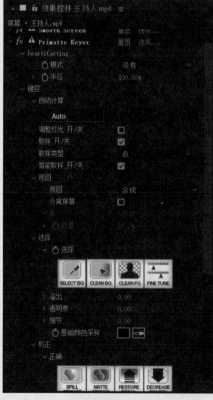

图5-21

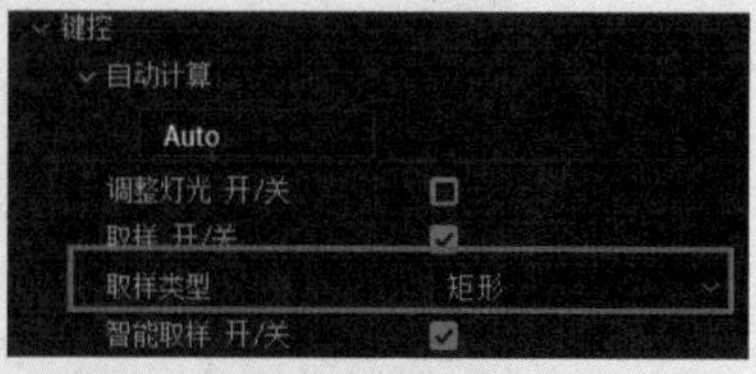

图5-22

17 在"效果控件"面板中，单击"键控"|"选择"|"选择"|SELECT BG按钮，在"合成"面板中框选主持人，如图5-23所示。

18 添加效果。选中"主持人.mp4"图层，右击，在弹出的快捷菜单中选择"效果"|Key Correct|Edge Blur选项，削弱抠像导致的边缘割裂感。

图5-23

19 将"科技城市.mp4"素材拖至"时间轴"面板中，放在"主持人.mp4"图层的下方，合成效果如图5-24所示。至此，前期素材处理完毕。

图5-24

5.2.2 画面融合

具体的操作步骤如下。

01 新建主持人预合成。选中"主持人.mp4"图层，右击，在弹出的快捷菜单中选择"预合成"选项，再在弹出的"预合成"对话框中设置参数，如图5-25所示。

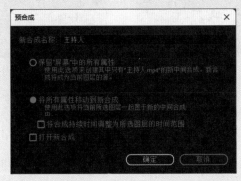

图5-25

02 添加效果。选中"主持人.mp4"图层，右击，在弹出的快捷菜单中选择"效果"|"颜色校

正"|"色相/饱和度"选项，此时的"效果控件"面板如图5-26所示。

03 调整效果。在"效果控件"面板中，修改"通道范围"|"主饱和度"值为10，修改"主亮
度"|"主亮度"值为5，如图5-27所示。

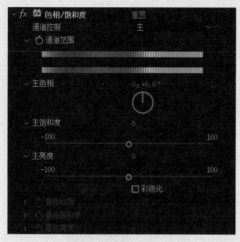

图5-26

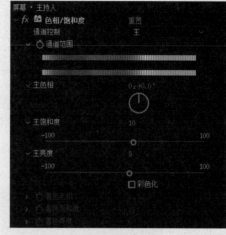

图5-27

04 在"效果控件"面板中，修改"通道控制"为"红色"，修改"通道范围"|"主饱和度"值为
-10，如图5-28所示。

05 在"效果控件"面板中，修改"通道控制"改为"蓝色"，修改"通道范围"|"主饱和度"值为
20，如图5-29所示。

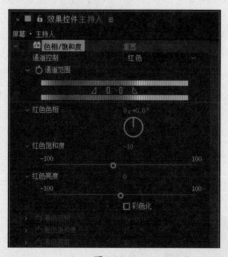

图5-28

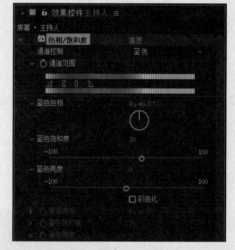

图5-29

06 添加效果。选中"主持人.mp4"图层，右击，在弹出的快捷菜单中选择"效果"|"颜色校
正"|"曲线"选项，此时的"效果控件"面板如图5-30所示。

07 调整效果。在"效果控件"面板中，修改"曲线"，如图5-31所示。

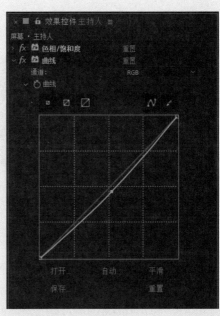

图5-30   图5-31

5.2.3 整体调色

具体的操作步骤如下。

01 新建调整图层。在"时间轴"面板中右击，在
弹出的快捷菜单中选择"新建"|"调整图层"
选项。选中调整图层后右击，在弹出的快捷菜
单中选择"效果"|RG magic Bullet|Looks选
项，此时的"效果控件"面板如图5-32所示。

图5-32

02 添加预设。单击Edit按钮进入Looks工作面板，选择SCOPES|Grading Setups|4 Way Video Grading预
设，如图5-33所示。

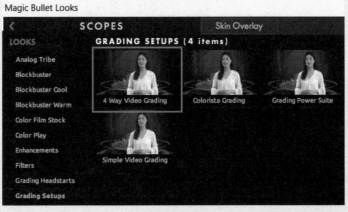

图5-33

03 添加效果。单击TOOLS按钮，展开效果窗口，为Matte添加Diffusion效果，此时的合成效果如图
5-34所示。

图5-34

04 调整效果。在CONTROLS面板中对Diffusion参数进行调整，如图5-35所示。

图5-35

05 在右下角单击"保存"按钮，在"效果控件"面板中，修改Strength值为60%，最终的合成效果如
图5-36所示。

图5-36

5.3 飞龙喷火特效

飞龙喷火特效主要由以下四个步骤组成。

第一步，动作跟踪。对于需要精确跟踪的素材，可以使用追踪器进行精确跟踪。

第二步，素材处理。需要消除绿幕素材中的绿幕，并去除 MOV 格式素材的黑底。

第三步，画面融合。使素材与素材之间的过渡更加自然，避免出现明显的跳跃。

第四步，整体调色。使整体素材的色调更符合实际情况。

5.3.1 动作跟踪

具体的操作步骤如下。

01 导入素材。启动After Effects 2023软件，单击"新建项目"按钮，执行"文件"|"导入"|"文件"命令或按快捷键Ctrl+I，导入 "背景.mp4" "飞龙.mov"和"火焰.mov"素材文件，此时的"项目"面板如图5-37所示。

02 新建合成。在"项目"面板中右击，在弹出的快捷菜单中选择"新建合成"选项，再在弹出的"合成设置"对话框中设置参数，如图5-38所示。

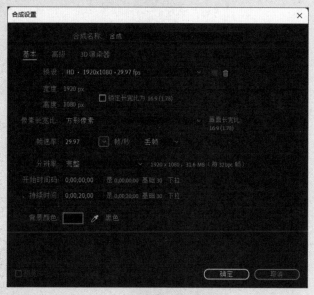

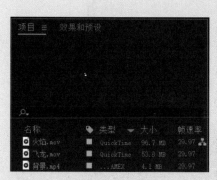

图5-37

图5-38

03 追踪运动。将"飞龙.mov"素材拖至"时间轴"面板中，选中"飞龙.mov"图层，在"跟踪器"面板中单击"跟踪运动"按钮，如图5-39所示。

图5-39

04 在2秒时，开始进行追踪，将"跟踪点"移至龙的嘴部，如图5-40所示。

图5-40

05 在"追踪器"面板中单击"向前分析1个帧"按钮 ▶，此时的画面效果如图5-41所示。

图5-41

06 遇到"跟踪点"没有跟踪到目标（龙的嘴部）的情况，需要手动将"跟踪点"移至龙的嘴部，操作如图5-42所示。

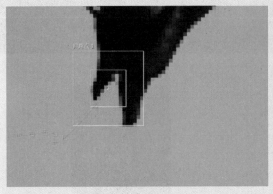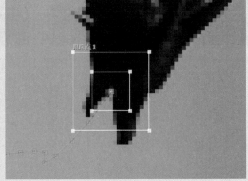

图5-42

07 等待全部跟踪完毕，合成效果如图5-43所示。

图5-43

08 在"时间轴"面板中右击,在弹出的快捷菜单中选择"新建"|"空对象"选项。选中"空对象",
在"跟踪器"面板中单击"编辑目标"按钮,在弹出的"跟踪目标"对话框中进行设置,如图5-44
所示。

09 在"跟踪器"面板中单击"应用"按钮,在弹出的"动态跟踪器应用选项"对话框中进行设置,
如图5-45所示。这样,之前的跟踪点位置便应用在"空对象"图层上,此时的"时间轴"面板如图
5-46所示。

图5-44   图5-45

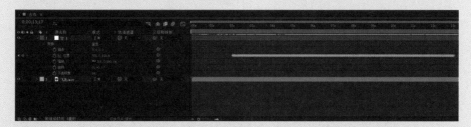

图5-46

5.3.2 素材处理

具体的操作步骤如下。

01 添加效果。将"背景.mp4"素材拖至"时间轴"面板中,放在"飞龙"图层的下方。选中"飞龙"
图层,右击,在弹出的快捷菜单中选择"效果"|Keying|Key light选项,此时的"效果控件"面板如
图5-47所示。

02 调整效果。在"效果控件"面板中单击About|Screen Color的颜色吸管工具按钮,吸取绿幕素材的绿幕颜色,此时的合成效果如图5-48所示。

图5-47   图5-48

03 调整图层。将"火焰.mov"素材拖至"时间轴"面板中,放在"空对象"图层的下方。在"时间轴"面板中修改模式为"相加",此时的合成效果如图5-49所示。

图5-49

04 将时间设置为2秒,选中"火焰"图层,按S键修改"缩放"值为30%,按R键修改"旋转"值为0x+90°,按P键修改"位置"值为78,614,此时的合成效果如图5-50所示。

图5-50

05 选中"火焰"图层，按[键将时间起始点移至2秒（02s），操作如图5-51所示。

图5-51

06 将"火焰"图层的"父级关联器"移至"空对象"图层上，如图5-52所示。此时，火焰便跟随飞龙进行移动，合成效果如图5-53所示。

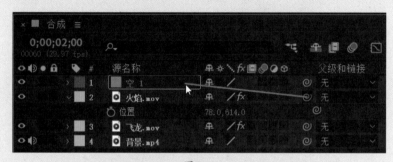

图5-52

图5-53

07 将时间修改为4秒，选中"火焰"图层，按快捷键Ctrl+Shift+D，将素材切分，如图5-54所示。

第5章　抠像的魔术

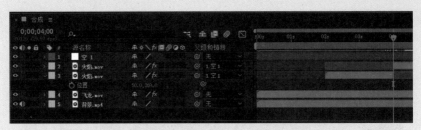

图5-54

08 删除后半段火焰素材，使用工具栏中的"锚点工具"，将火焰的锚点移至龙嘴处，如图5-55所示。

图5-55

09 选中"火焰"图层，按S键展开"缩放"栏创建关键帧，在3秒25帧设置关键帧，参数为30%，在4秒设置关键帧，参数为0%，此时的合成效果如图5-56所示。

图5-56

10 选中"火焰"图层，使用快捷键Ctrl+D复制一份，为后面的片段添加特效，此时的合成效果如图5-57所示。

图5-57

5.3.3 画面融合

具体的操作步骤如下。

01 添加效果。在"时间轴"面板中右击，在弹出的快捷菜单中选择"新建"|"调整图层"选项。选中调整图层右击，在弹出的快捷菜单中选择"效果"|Video Copilot|Heat Distortion选项，此时的"效果空间"面板如图5-58所示。

图5-58

02 调整图层。对调整图层进行时间控制，从第2秒起，到第4秒结束，如图5-59所示。

图5-59

03 在火焰周围勾选出热浪范围，此时的合成效果如图5-60所示。

图5-60

04 对调整图层的蒙版进行关键帧处理，合成效果如图5-61所示。

图5-61

05 此时可以发现，热浪周围过渡得比较生硬，选中调整图层并双击，按M键打开"蒙版"栏，修改
"蒙版羽化"值为200，此时的合成效果如图5-62所示。后半段火焰处理的方式相同，合成效果如
图5-63所示。

图5-62

图5-63

5.3.4 整体调色

具体的操作步骤如下。

01 新建飞龙预合成。选中"飞龙"图层，右击，在弹出的快捷菜单中选择"预合成"选项，再在弹出的"预合成"对话框中调整参数，如图5-64所示。

02 添加效果。选中"飞龙"合成，右击，在弹出的快捷菜单中选择"效果"|"颜色校正"|"曲线"和"效果"|RG Magic Buttle|Looks选项，此时的"效果控件"面板如图5-65所示。

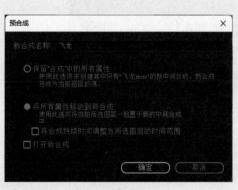

图5-64

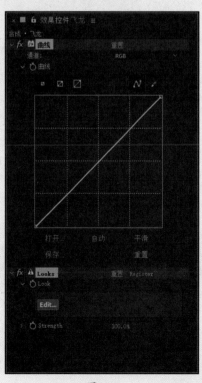

图5-65

03 调整效果。在"效果控件"面板中，修改"曲线"参数，如图5-66所示，以提亮飞龙画面，合成效果的前后对比如图5-67所示。

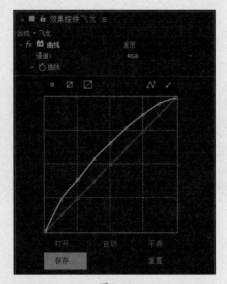

图5-66

图5-67

04 添加效果。单击Edit按钮进入Looks工作面板，单击TOOLS按钮，展开效果窗口，为Matte添加Color Filter效果，此时的合成效果如图5-68所示。

图5-68

05 调整效果。在CONTROLS面板中对Diffusion参数进行调整，如图5-69所示。

图5-69

06 单击右下角的保存按钮，合成效果的前后对比如图5-70所示。

图5-70

第5章 抠像的魔术

图5-70（续）

07 新建调整图层。在"时间轴"面板中右击，在弹出的快捷菜单中选择"新建"|"调整图层"选项，选中新建的调整图层，右击，在弹出的快捷菜单中选择"效果"|"颜色校正"|"曲线"选项，在"效果控制"面板中调整曲线，如图5-71所示。最终的合成效果，如图5-72所示。

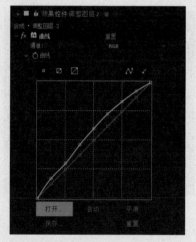

图5-71

图5-72

图5-72（续）

5.4 本章小结

在这一章中，我们为读者全面介绍了两款强大的视频插件——KEYLIGHT 和 Primatte Keyer，将深入了探讨它们的基础操作，帮助读者在处理绿幕素材和 MOV 格式的黑底视频时更加得心应手。

KEYLIGHT 是一款功能强大的视频抠像插件，它能够快速、精准地分离出视频中的前景和背景。通过使用KEYLIGHT，读者可以轻松地调整色彩范围、对比度和亮度等参数，以获得最佳的抠像效果。

而 Primatte Keyer 则是一款备受推崇的抠像插件，它具有简单易用、功能强大等特点。通过使用 Primatte Keyer，读者可以快速实现高质量的抠像效果，并修复边缘和细节问题。

第6章

追踪的摄影机

　　追踪技术，又称为"摄像机反求"，是通过分析连续画面中关键像素（通常会绘制或使用专用标记点）的画面运动，利用透视原理计算出当前摄像机的空间轨迹。

　　在电影制作中，实拍视频画面是由真实摄像机拍摄的，而三维动画的画面则是由三维软件中的虚拟摄像机拍摄的。摄像机反求就是通过视频画面求出真实摄像机的运动轨迹和镜头参数等，在三维空间中创建与之一致的虚拟摄像机。

　　摄像机反求实际上是对摄像机及其三维空间的数字还原，其作用是保证三维模型等虚拟元素能够"贴合"在有摄像机运动的视频画面中。

　　对于固定镜头的画面，不存在反求的问题，即使需要处理，也只是一个透视空间对位的问题。但是，如果摄像机有运动，则视频画面会不断变化，而模型的位置却不会随之改变，这样看上去就很不真实。

　　因此，必须让模型也"动"起来，而且要与背景画面的运动完美贴合。这时就需要背景画面的摄像机参数，由摄像机反求软件计算得出，并创建在三维空间中，如图 6-1 和图 6-2 所示。

图6-1

图6-2

6.1 After Effects 追踪插件

本节介绍 After Effects 常用的两款跟踪软件 Mocha 和 Camera Tracker。

6.1.1 Mocha

Mocha 作为一种低成本且高效的跟踪解决方案，拥有多种功能，可生成二维立体跟踪数据，即使在最困难的短片拍摄中，也可节省大量时间和金钱。

Mocha 是一款独立的二维跟踪工具软件，可使影视特效合成艺术家的工作更加轻松，减轻其压力。

Mocha 专为商业、电影、企业影片的后期制作而设计，其直观的界面、简单易学的操作和采用工业标准 2.5D 平面追踪技术，使制作速度比使用传统工具快 3 ~ 4 倍，且能建立高品质影片，如图 6-3 和图 6-4 所示。

图6-3

图6-4

6.1.2 Camera Tracker

After Effects 的 Camera Tracker 功能可以在软件内部提取出 3D 运动轨迹并实现动作匹配。通过对源序列进行分析，该功能获取原始摄像机的镜头和运动参数，使用户能够正确合成 2D 或 3D 图层，并参考拍摄镜头所用的摄像机。

在过去，类似的高级 3D 运动追踪技术只能在 Foundry 的 NukeX 等高端电影合成工具中使用。然而，现在可以在 After Effects 中轻松实现所有这些操作。

自 2017 年 3 月 31 日起，Foundry 已停止对 Camera Tracker 的销售和支持。Camera

Tracker 已正式并入 After Effects，成为其自带的强大功能之一，如图 6-5 所示。

图6-5

6.2 仿生人特效

在制作仿生人特效时，需要经历三个主要步骤，每一步都显得尤为重要。

第一步，动作跟踪。对于需要精确追踪的素材，我们采用了 Mocha 插件，以免陷入逐帧处理的烦琐困境。

第二步，伤痕制作。有时候，用户所需的效果并没有现成的 MOV 素材或绿幕素材，此时用户必须亲自动手，运用已有的素材来打造需要的视觉效果。

第三步，画面融合。通过巧妙处理，确保各素材之间的过渡平滑，避免产生明显的矛盾，以达到更加自然和完美的效果。

6.2.1 动作追踪

具体的操作步骤如下。

01 导入素材。启动After Effects 2023软件，单击"新建项目"按钮，执行"文件"|"导入"|"文件"命令或按快捷键Ctrl+I，导入 "素材.mp4" "伤痕.png"和"电路.jpg"素材文件，此时的"项目"面板如图6-6所示。

02 新建合成。在"项目"面板中右击，在弹出的快捷菜单中选择"新建合成"选项，再在弹出的"合成设置"对话框中设置参数，如图6-7所示。

图6-6

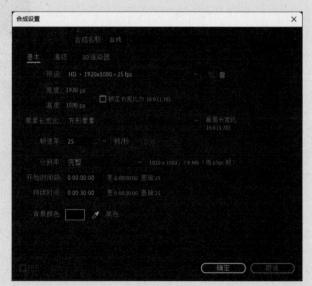

图6-7

03 添加效果。将"素材.mp4"素材拖至"时间轴"面板中，选中"素材.mp4"图层，右击，在弹出的快捷菜单中选择"效果"|Boris FX Mocha|Mocha Pro选项，此时的"效果控件素材"面板如图6-8所示。

图6-8

04 在"效果控件素材"面板中单击MOCHA按钮 MOCHA，进入Mocha独立工作界面，如图6-9所示。

图6-9

05 绘制蒙版。在"工具栏"中选择"创建X-样条层"工具 ⬛，或者按快捷键Ctrl+I。在人物脸颊位置画出蒙版，如图6-10所示。

图6-10

06 跟踪运动。在"主要"面板中单击"自动跟踪"按钮，如图6-11所示。

图6-11

07 跟踪完成后，关闭Mocha独立工作窗口。在弹出的Mocha Pro Plugin对话框中单击"保存"按钮，如图6-12所示。

图6-12

08 新建空对象。在"时间轴"面板中右击，在弹出的快捷菜单中选择"新建"|"空对象"选项。此时的"时间轴"面板如图6-13所示。

图6-13

09 生成追踪参数。选中"素材"图层，在"效果控件"面板中单击"跟踪数据"|"创建跟踪数据"按钮，如图6-14所示。

10 调整效果。在"效果控件"中修改"跟踪数据"|"输出选项"改为"变换"，修改"跟踪数据"|"图层输出到"为"1.空1"，如图6-15所示。

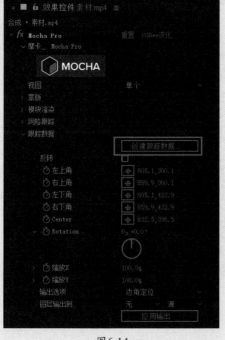

图6-14 图6-15

11 输出追踪参数。此时，动作跟踪的数据会传输到"空对象"图层上，选中"空对象"图层，可以在"合成"面板中查看，如图6-16所示。

图6-16

6.2.2 伤痕制作

具体的操作步骤如下。

01 新建合成。在"项目"面板中，选中"电路.jpg"和"伤痕.png"素材，拖至"新建合成"按钮上，在弹出的"基于所选项新建合成"对话框中调整参数，如图6-17所示。此时的合成效果如图6-18所示。

图6-17

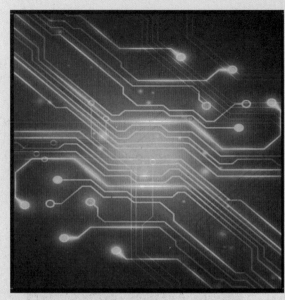

图6-18

02 调整图层。在"时间轴"面板中,修改"电路"|"轨道遮罩"模式改为"2.伤痕",此时的合成效果如图6-19所示。

03 返回"合成"合成,将"项目"面板中的"伤痕"合成拖至"时间轴"面板中,此时的合成效果如图6-20所示。

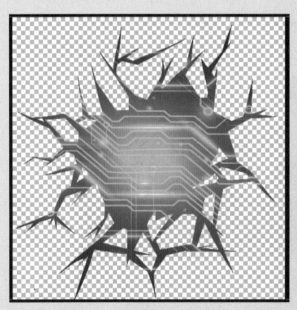

图6-19

图6-20

04 选中"伤痕"合成,修改"缩放"值为3.5%,"位置"值为835.8,417.8,此时的合成效果如图6-21所示。

图6-21

05 在"时间轴"面板中，将"伤痕"|"父级关联器"拖至"空 1"图层上，此时的合成效果如图6-22所示。

图6-22

6.2.3　画面融合

具体的操作步骤如下。

01 添加效果。选中"伤痕"合成，右击，在弹出的快捷菜单中选择"效果"|"颜色校正"|"曲线"选项，修改"曲线"，参数如图6-23所示。

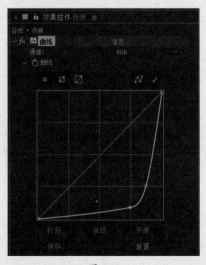

图6-23

第6章　追踪的摄影机

02 在"效果与预设"面板中搜索Deep Glow，并将该效果拖至"伤痕"合成上。在"效果控件"面板中修改"半径"值为100，"曝光"值为0.3，修改"风格"|"混合模式"为"相加"，最终的合成效果如图6-24所示。

图6-24

6.3 本章小结

在本章节中，我们深入研究了Mocha插件以及After Effects项目的操作步骤。通过学习这些内容，读者不仅能够轻松地掌握初级特效制作技巧，而且能够对整个特效制作流程有更为清晰的认识和规划。

Mocha插件的应用为特效制作增添了更多可能性，它帮助读者在后期处理中更加灵活和高效。同时，After Effects项目流程的介绍让读者能够系统地掌握整个特效制作的步骤，从而提高工作效率和质量。

随着理论和实践的结合，读者将在特效制作的道路上越走越远，创造出更加引人注目和出色的作品。

第7章

三维神器——Element 3D

  Element 3D 是由 Videocopilot 公司开发的一款强大且功能丰富的 After Effects 插件，它提供了在 After Effects 中直接渲染 3D 对象的功能。该插件基于 OpenGL 程序接口，能够充分利用显卡资源参与 OpenGL 运算，使 3D 渲染过程更加高效流畅。Element 3D 是 After Effects 中为数不多的支持完全 3D 渲染特性的插件之一，如图 7-1 所示。

图7-1

Element 3D 插件具有 real time Rendering（实时渲染）的特性，即在制作 3D 效果的过程中可以直接在屏幕上看到渲染结果，大幅提升了 CG 运算的效率。另外，和传统的 After Effects 针对 3D 动画合成中出现的各种烦琐操作，如摄像机同步、光影匹配等相比，Element 3D 可以让特效师直接在 After Effects 中完成，而无须考虑摄像机和光影迁移的问题。配合 After Effects 内置的 Camera Tracker（摄像机追踪）功能，可以完成各类复杂的 3D 后期合成特效。

因为即时渲染的原因，Element 3D 不支持 Ray Tracing，需要大量采用环境贴图的手法提高渲染真实性。此外，Element 3D 无法运算碰撞、刚体、重力等物理特性，难以比拟具有 Dynamic 功能的 3D 软件。

7.1 关于 Element 3D

7.1.1 导入 3D 模型

Element 3D 支持导入通用的 obj 模型和 CINEMA 4D 专用的 c4d 工程文件，还支持 UV 材质贴图，如图 7-2 所示。

图7-2

7.1.2 粒子系统

Element 3D 使用特殊的粒子数组系统，支持各种 3D 粒子形态，如圆形、环形、平面、盒状、3D 网格、OBJ 顶点以及对 After Effects 内建 alpha 层的映射，如图 7-3 所示。

图7-3

7.1.3 插件界面

Element 3D 插件内置模型和材质，同时也发布了专业的 3D 模型包（需另购）。配合专业的模型包，

After Effects特效合成实战攻略

可以提高制作效率。模型包中采用了 OBJ 通用的 3D 模型格式，并包含 FBX 材质贴图信息，如图7-4
所示。

图7-4

7.1.4 3D 对象分散系统

Element 3D 支持对 3D 模型进行多个方向的打散，可由分散系统制造出更多优秀的动画效果。同
期发布的 Pro Shader 材质包除内建材质预设外，还含有 200 种进阶材质，配合材质包使用可以提升
工作效率，如图 7-5 所示。

图7-5

7.1.5 材质系统

Element 3D 支持漫射镜面高光反射与折射（非光线跟踪着色）、普通凹凸面映射光照以及更多选项。
只需拖曳即可将材质应用到对象上，而且测试材质不需要进行渲染，如图 7-6 所示。

图7-6

7.1.6 高级 OpenGL 渲染特性

OpenGL 支持景深效果和 3D 运动模糊，能够直接在 After Effects 内制作并调整灯光（不含投射

阴影）、环境反射（非光线跟踪着色）、磨砂底纹材质、RT 环境遮蔽（SSAO，屏幕空间环境光遮蔽）、线框渲染和 3D 大气衰减效果。

多程即时渲染（光影）和分离部分单个属性（比如光照）可以增加光晕，而多程混合可以对每个属性的强度进行控制，并且不会降低渲染速度，如图 7-7 所示。

图 7-7

7.2 Element 3D 工作界面

Element 3D 插件的独立工作界面，如图 7-8 所示。

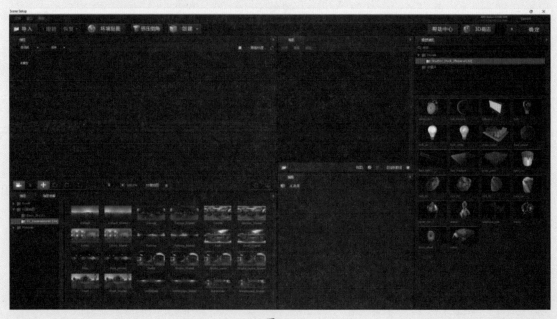

图 7-8

7.2.1 工具栏

Element 3D 插件的工作栏包含 6 个按钮，分别是"导入""撤销""恢复""环境贴图""挤压倒角"和"创建"，如图 7-9 所示，具体的用途如下。

图7-9

※ 导入：用于导入现有模型素材。

※ 撤销：用于撤销前一次操作。

※ 恢复：用于取消上一次撤销。

※ 环境贴图：用于修改独立工作界面中的模型背景。

※ 挤压倒角：用于对现有模型进行挤压和倒角处理。

※ 创建：用于创建简单的几何模型。

7.2.2 预览

Element 3D 预览界面是为了更好地制作特效而提供的直接效果预览窗口，如图 7-10 所示。

图7-10

7.2.3 预设和场景材质

Element 3D 预设和场景材质是为了方便使用模型和背景的 UV 贴图而提供的，如图 7-11 所示。

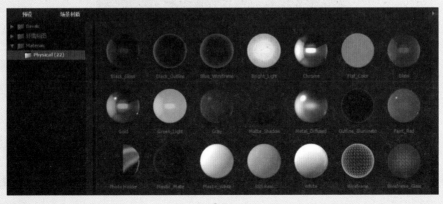

图7-11

7.2.4　场景

Element 3D 中的场景窗口类似 After Effects 中的"时间轴"面板，用于调整和管理模型，如图 7-12 所示。

图7-12

7.2.5　编辑

Element 3D 的编辑界面类似 After Effects 中的效果控件，用于调整模型的参数、模型 UV 贴图的光照反射等，如图 7-13 所示。

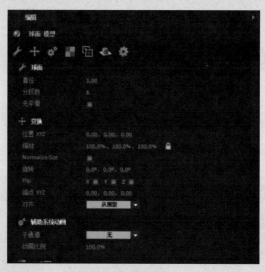

图7-13

7.2.6　模型浏览

当用户在 Element 3D 中安装了其他预览包或更多模型时，模型浏览窗口将为用户提供更多现有的模型选择，如图 7-14 所示。

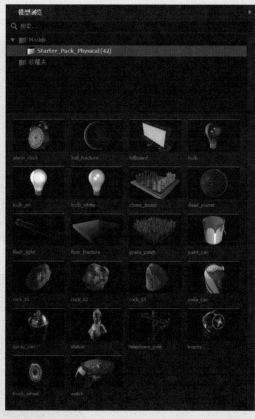

图7-14

7.3 星球爆炸特效

星球爆炸特效由以下三个步骤组成。

第一步，模型搭建。在这一步骤中，创建一个星球的 3D 模型，并将其细分成多个小模型，以便在爆炸时能够对小模型进行分离。

第二步，爆炸动画制作。这一步骤涉及对 Element 3D 模型进行关键帧动画处理，同时制作爆炸效果，包括烟雾和光效等。

第三步，后期调整。在这一步骤中，将对爆炸烟雾和光效等进行微调，以使其与整体环境融合。此外，还将对整体效果进行调整，以实现更加自然的效果。

7.3.1 Element 3D 模型搭建

具体的操作步骤如下。

01 新建合成。启动After Effects 2023软件，单击"新建项目"按钮。在"项目"面板中右击，在弹出的快捷菜单中选择"新建合成"选项，再在弹出的"合成设置"对话框中调整参数，如图7-15所示。

02 新建纯色图层。在"时间轴"面板中右击，在弹出的快捷菜单中选择"新建"|"纯色"选项，再在弹出的"纯色设置"对话框中调整参数，如图7-16所示。

图7-15

图7-16

03 添加效果。选中Element 3D图层，右击，
在弹出的快捷菜单中选择"效果"|Video
Copilot|Element 3D选项，此时的"效果控件"
面板，如图7-17所示。

图7-17

04 进入Element 3D独立工作界面。在"效果控件"面板中单击"场景界面"|Scene Setup按钮，进入
Element 3D独立工作界面，如图7-18所示。

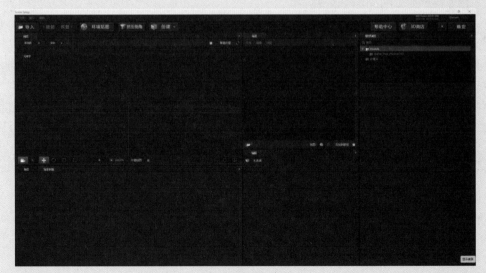
图7-18

05 添加模型。在界面右侧选择"模型浏览"|Starter_Pack_Physical|ball_fracture选项，如图7-19所示。

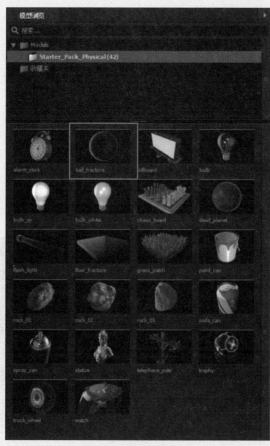

图7-19

06 添加材质。在界面选择"预设"|materials|Physical|Bright_Light选项，如图7-20所示。

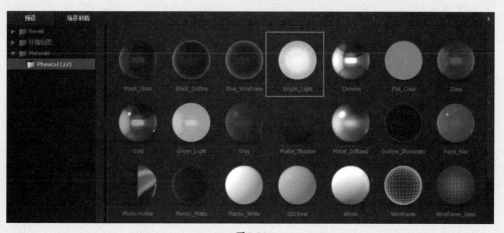

图7-20

07 单击右上角的"确定"按钮保存设置，合成效果如图7-21所示。

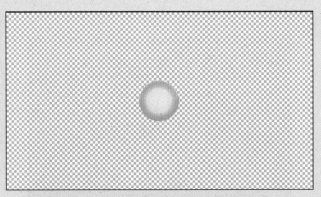

图7-21

7.3.2 爆炸动画

具体的操作步骤如下。

01 导入素材。执行"文件"|"导入"|"文件"命令或按快捷键Ctrl+I，导入"星空.mov"和"冲击波.mov"素材文件，此时的"项目"面板如图7-22所示。

图7-22

02 调整图层。将"星空.mov"和"冲击波.mov"素材拖至"时间轴"面板，并调整图层关系，如图7-23所示。

图7-23

03 调整效果。选中Element 3D图层，在"效果控件"面板中打开"群组1"|"粒子样式"|"多物体"开关，如图7-24所示。

04 在"效果控件"面板中，为"群组1"|"粒子样式"|"多物体"|"置换"属性创建关键帧，如图7-25所示。

05 在5秒时，创建关键帧，参数值为100.00，此时的"时间轴"面板如图7-26所示，此时的合成效果如图7-27所示。

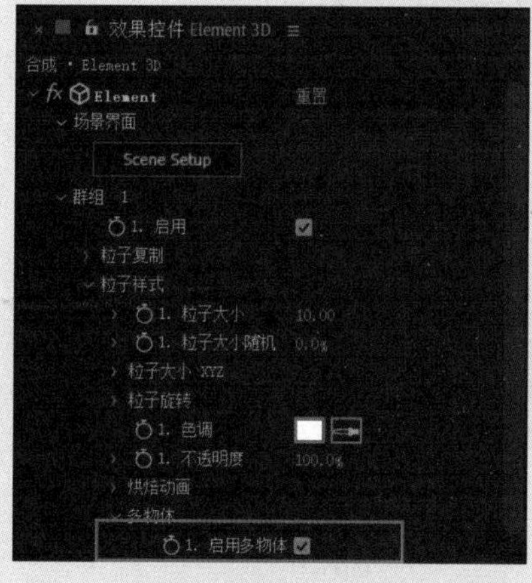

图7-24 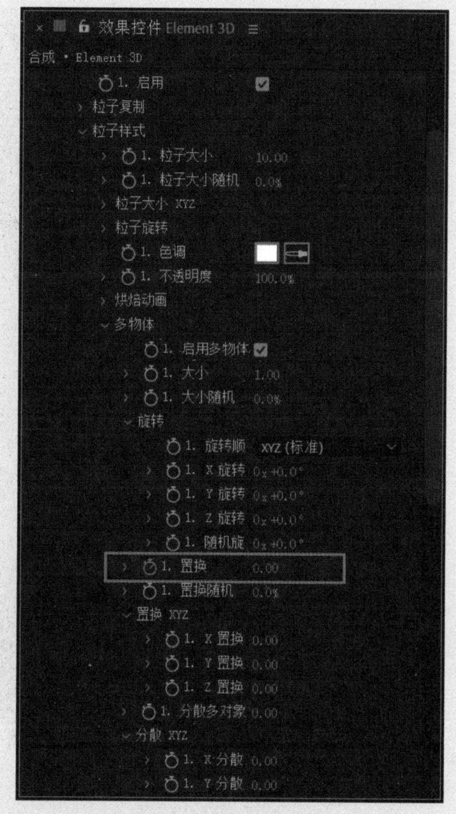　　　　　　　　　　　　　　　　图7-25

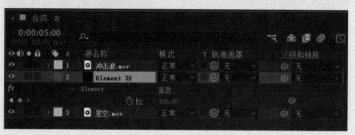

图7-26

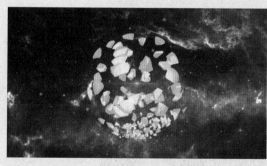

图7-27

06　在"效果控件"面板中，为"群组1"|"粒子样式"|"粒子旋转"|"Y旋转粒"属性创建关键帧，如图7-28所示。

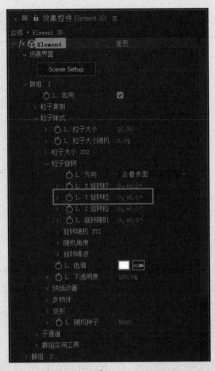

图7-28

07 在2秒（0:00:02:00）时，创建关键帧，参数值为1x+0.0°，如图7-29所示。

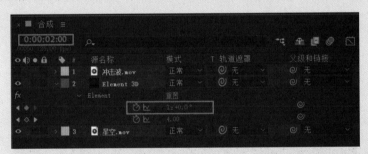

图7-29

08 创建表达式。按住Alt键单击"时间变化秒表"按钮，打开表达式，如图7-30所示。

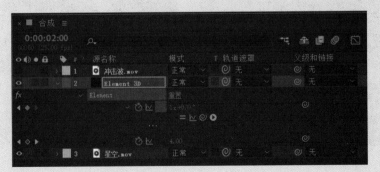

图7-30

09 在"表达式"中填入参数，如图7-31所示。

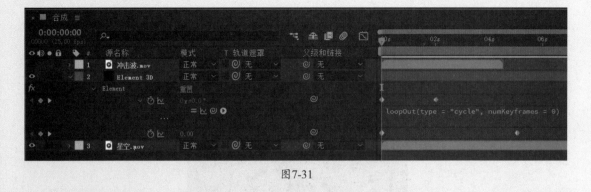

图7-31

7.3.3 后期调整

具体的操作步骤如下。

01 调整关键帧。全选"置换"关键帧，使用"图标编辑器"设置动画速度，如图7-32所示。

图7-32

02 新建调整图层。在"时间轴"面板中右击，在弹出的快捷菜单中选择"新建"|"调整图层"选项，选中调整图层，右击，在弹出的快捷菜单中选择"效果"|"颜色校正"|"曲线"选项，此时的"效果控件"面板如图7-33所示。

03 调整效果。在"效果控件"面板中修改曲线，如图7-34所示。

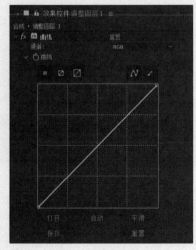

图7-33

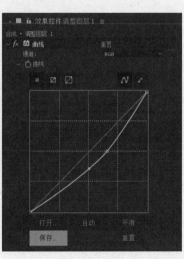

图7-34

04 添加效果。在"效果和预设"面板中搜索Deep Glow，并将其拖至"冲击波"图层，此时的"效果控件"面板如图7-35所示。最终的合成效果如图7-36所示。

图7-35

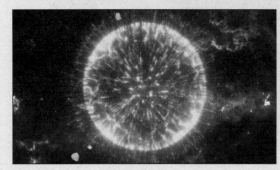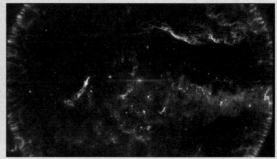

图7-36

7.4 本章小结

　　本章通过展示星球爆炸案例的制作过程，带领读者深入了解了 After Effects 中强大的插件 Element 3D 的工作流程。从 After Effects 内置的伪 3D 图层开始，逐步引导读者进入 Element 3D 插件所带来的真正的 3D 世界。

　　在这个星球爆炸案例中，读者学习了如何使用 Element 3D 插件创建逼真的 3D 场景的方法，包括搭建 3D 模型、制作爆炸动画以及进行后期调整等步骤。通过这个案例，读者深入了解了 Element 3D 插件的功能和工作流程，掌握其使用方法和技巧，为今后的 3D 特效制作打下了坚实的基础。

　　同时，本章还介绍了如何将 After Effects 和 Element 3D 插件结合使用，以实现更加复杂和逼真的 3D 特效，学习了如何在 After Effects 中创建和管理 3D 图层，以及如何使用 Element 3D 插件对其进行编辑和调整。

　　总之，通过本章的学习，读者将能够掌握使用 Element 3D 插件制作 3D 特效的基本方法和技巧，并深入了解其工作流程。同时，也将为读者今后的 3D 特效制作提供有力的支持和帮助。

第8章
外来的CINEMA 4D

CINEMA 4D 的字面意思是 4D 电影，是一款 3D 表现软件，由德国 Maxon Computer 公司开发。它以极高的运算速度和强大的渲染插件而著称，其中许多模块的功能代表了同类软件中的科技进步成果。在用其描绘的各类电影中，CINEMA 4D 的表现尤为突出，因此，随着其技术的日益成熟，越来越多的电影公司开始重视它，可以预见，它的前途必将更加光明。

CINEMA 4D 应用广泛，在广告、电影和工业设计等方面都有出色的表现，它正成为许多优秀艺术家和电影公司的首选，并且走向成熟。如图 8-1 ～图 8-6 所示，这些图片展示了 CINEMA 4D 在不同领域的应用成果。

图8-1

图8-2

图8-3

图8-4

图8-5

图8-6

    MoGraph 系统在 CINEMA 4D 9.6 版本中首次出现，为艺术家提供了一个全新的维度和方法，为 CINEMA 4D 增添了一个绝对利器。它将类似矩阵式的制图模式变得极为简单、有效且方便。单一的物体，经过一定的排列和组合，再配合各种效应器的帮助，用户会发现单调的简单图形也能产生不可思议的效果，如图 8-7 所示。

    CINEMA 4D 开发的毛发系统也是迄今为止最强大的系统之一，如图 8-8 所示。

图8-7

图8-8

Advanced Render，即高级渲染模块，是 CINEMA 4D 中极为强大的渲染插件，能够渲染出极为逼真的效果，如图 8-9 所示。

图8-9

BodyPaint 3D，即三维纹理绘画，是一款能够直接在三维模型上进行绘画的模块。它支持多种笔触，包括压感和图层功能，功能非常强大，如图 8-10 所示。

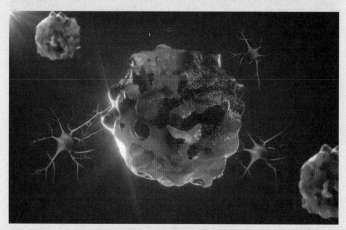

图 8-10

Dynamics 是 CINEMA 4D 中的动力学模块，它提供了模拟真实物理环境的功能。通过这个模拟空间，用户可以实现重力、风力、质量、刚体和柔体等效果，如图 8-11 所示。

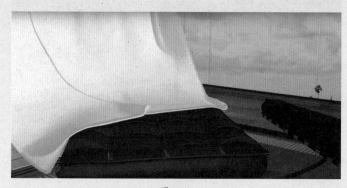

图 8-11

MOCCA，即骨架系统，常用于角色设计，如图 8-12 所示。

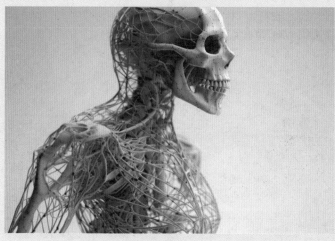

图 8-12

NET Render，即网络渲染模块，可以将多台计算机通过网络连接起来，进行同时渲染，从而大幅增加渲染速度，如图 8-13 所示。

图8-13

PyroCluster，即云雾系统，如图 8-14 所示。

图8-14

Sketch & Toon，即二维渲染插件，可以模拟出二维的效果，例如马克笔效果、毛笔效果、素描效果等，如图 8-15 所示。

第8章 外来的CINEMA 4D

图8-15

Thinking Particles，即粒子系统，如图 8-16 所示。

图8-16

8.1 CINEMA 4D 制作游戏机模型

使用 CINEMA 4D 制作游戏机模型的步骤如下。

第一步，在 CINEMA 4D 中搭建游戏机模型。

第二步，在 CINEMA 4D 中进行 UV 制作。

第三步，通过 CINEMA 4D 的 After Effects 插件 Element 3D，将模型导入 After Effects 中。

8.1.1 制作模型线框

具体的操作步骤如下。

01 启动CINEMA 4D软件，操作界面如图8-17所示。

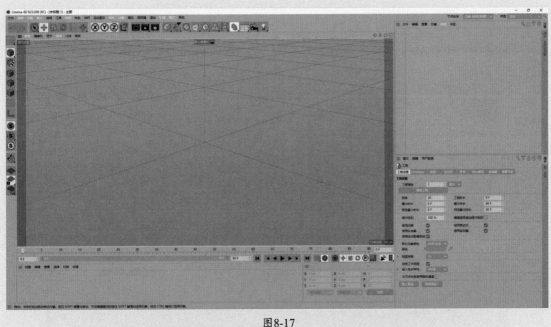

图8-17

02 在"工具栏"中选择"样条画笔"|"矩形"工具（鼠标左键长按图标展开菜单），如图8-18所示。

图8-18

03 在"属性"面板中修改坐标参数，如图8-19所示。

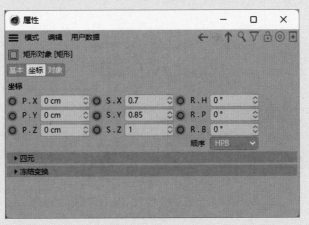

图8-19

04 在"属性"面板中切换到"对象"模式，修改参数，如图8-20所示。此时的模型如图8-21所示，这

117

样，游戏机的外框便搭建完毕。

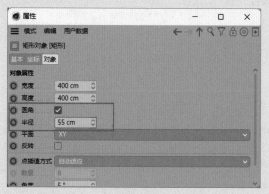

图8-20

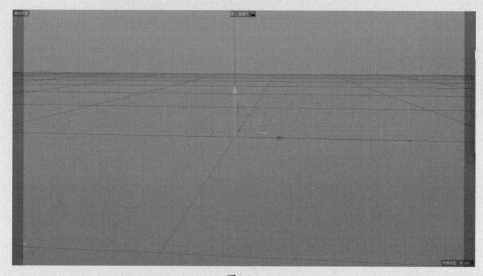

图8-21

05 同理，修改游戏机外屏的参数，如图8-22所示。

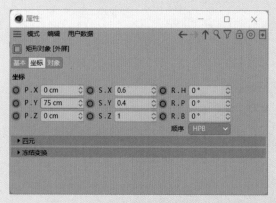
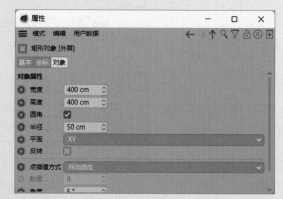

图8-22

06 同理，修改游戏机内屏参数，如图8-23所示。此时的模型如图8-24所示。

图8-23

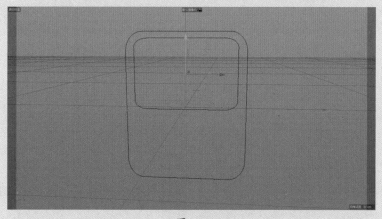

图8-24

07 在"工具栏"中选择"样条画笔"|"圆环"工具，如图8-25所示。

图8-25

08 在"属性"面板中修改坐标参数，如图8-26所示。

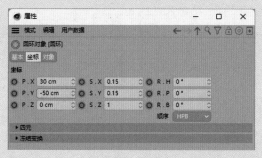

图8-26

第8章 外来的CINEMA 4D

09 在"对象"面板中复制一份，并修改参数如图8-27所示，此时的模型如图8-28所示。

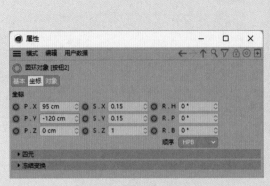

图8-27

图8-28

10 最后，制作另一侧按钮，具体参数如图8-29所示。

图8-29

11 在"对象"面板中复制一份，具体参数如图8-30所示。

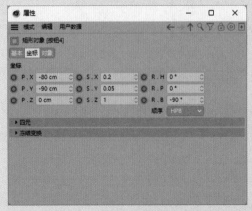

图8-30

12 选中十字按钮，在"工具栏"中执行"挤压"|"样条布尔"命令，此时的"对象"面板如图8-31所

示，此时的模型如图8-32所示。

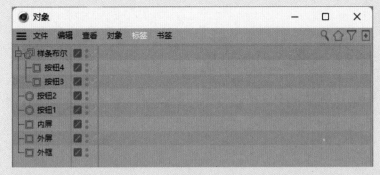

图8-31

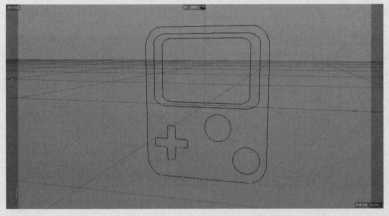

图8-32

8.1.2 制作模型三维

具体的操作步骤如下。

01 在"工具栏"中执行"挤压"命令，此时的"对象"面板如图8-33所示。

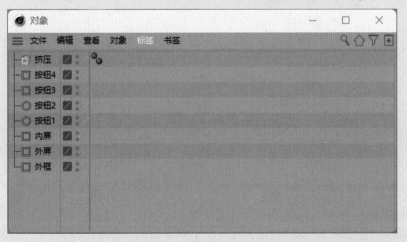

图8-33

02 在"对象"面板中将"外框"拖至"挤压"栏下，如图8-34所示，此时的模型如图8-35所示。

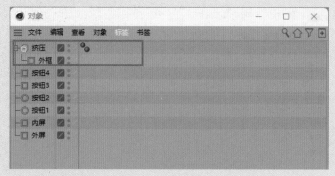

图8-34

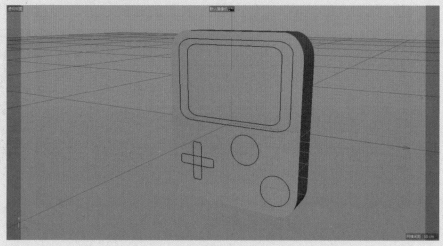

图8-35

03 在"属性"面板中修改"对象"|"偏移"参数，即可调整模型的厚度，如图8-36所示。

图8-36

04 同理，在"对象"栏中对其他线框进行挤压处理，如图8-37所示。

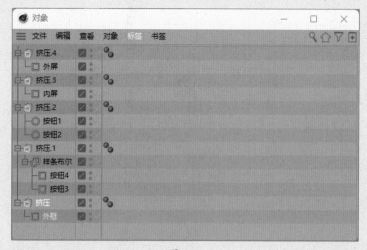

图8-37

05 此时发现，有一部分线框模型并未正确建模，需要在"属性"面板中选中"对象"|"层级"复选框，如图8-38所示，此时的模型如图8-39所示。

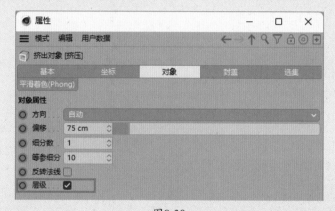

图8-38

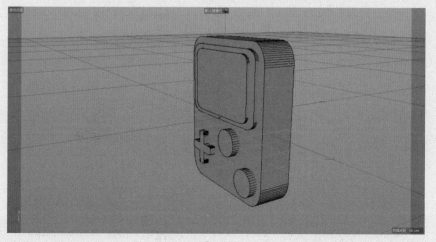

图8-39

8.1.3 制作模型材质

具体的操作步骤如下。

01 在"材质"面板中双击，创建新材质，如图8-40所示。

02 在"材质"面板中选中该材质，在"属性"面板中修改颜色，如图8-41所示。

图8-40   图8-41

03 按照上述方法，创建4个材质，如图8-42所示。

04 将这4种材质拖至"对象"面板中的4个挤压属性中，此时的"对象"面板如图8-43所示，此时的模型如图8-44所示。

图8-42   图8-43

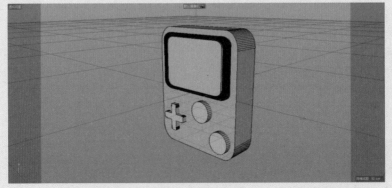

图8-44

8.1.4 导入 After Effects

具体的操作步骤如下。

01 在"命令栏"中执行"文件"|"导出"|Wavefront OBJ命令，在弹出的"OBJ导出"对话框中修改参数，如图8-45所示。

02 新建合成。保存文件后关闭CINEMA 4D。启动After Effects 2023软件，单击"新建项目"按钮，在"项目"面板中右击，在弹出的快捷菜单中选择"新建合成"选项，再在弹出的"合成设置"对话框中设置参数，如图8-46所示。

图8-45

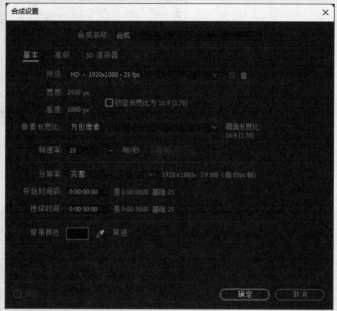

图8-46

03 在"时间轴"面板中右击，在弹出的快捷菜单中选择"新建"|"纯色"选项，再在弹出的"纯色设置"对话框中设置参数，如图8-47所示。

图8-47

第8章 外来的CINEMA 4D

125

04 添加效果。选中"黑色"图层,右击,在弹出的快捷菜单中选择"效果"|Video Copilot|Element 3D
选项,如图8-48所示。

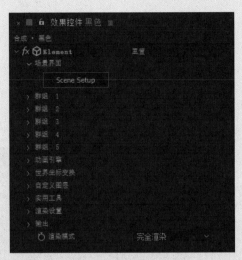

图8-48

05 进入Element 3D独立工作界面。在"效果控件"面板中单击"场景界面"|Scene Setup按钮,进入
Element 3D独立工作界面,界面如图8-49所示。

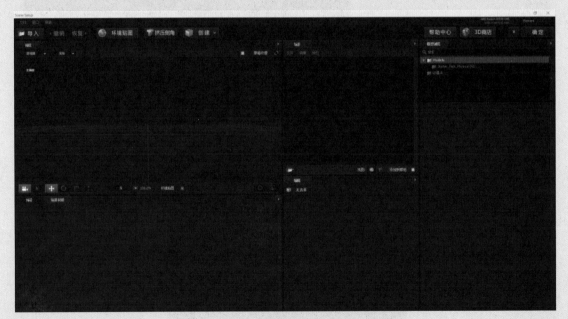

图8-49

06 导入C4D模型。单击左上角的"导入"按钮,选择之前用CINEMA 4D导出的OBJ文件,如图8-50
所示。

07 导入材质。在"场景"面板中展开模型,在"预设"面板中导入已有材质,此时的"场景"面板如
图8-51所示。

08 单击左上角的"确定"按钮,关闭Element 3D界面,最终的合成效果如图8-52所示。

09 打开"黑色"图层的3D开关,旋转图层,立体效果如图8-53所示。

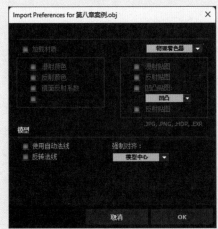

图 8-50

图 8-51

图 8-52

图 8-53

第8章 外来的CINEMA 4D

8.2 本章小结

　　本章引导读者深入了解了 CINEMA 4D 到 After Effects 的工作流程，并对 After Effects 中的特效插件类型有了一个初步的了解。接下来，我们将进入综合案例阶段，将前面 8 章所学的知识融会贯通，以制作达到商业标准的特效为目标。

第9章

综合实战

在经历了前 8 章对特效深入浅出的探讨与学习后，我们已经逐步建立起一套完整的理论体系。本章将为读者呈现综合性的案例实战，旨在将理论与实践完美结合。通过实战演练，读者不仅能够掌握特效的基础制作，还能在实际操作中灵活运用先前所学的各项技术与方法。

9.1 激光发射器

激光发射器的制作步骤如下。

第一步，在 Element 3D 独立工作界面中搭建三维模型。

第二步，在 After Effects 中制作摄像机运动镜头和激光底部的刺眼光芒。

第三步，制作激光。

第四步，制作整体光效，使画面细节更加丰富。

第五步，对画面整体进行后期调色。

9.1.1 Element 3D 模型制作

具体的操作步骤如下。

01 新建合成。启动After Effects 2023软件，单击"新建项目"按钮。在"项目"面板中右击，在弹出的快捷菜单中选择"新建合成"选项，再在弹出的"合成设置"对话框中设置参数，如图9-1所示。

图9-1

02 新建纯色图层。在"时间轴"面板右击，在弹出的快捷菜单中选择"新建"|"纯色"选项，再在弹出的"纯色设置"对话框中设置参数，如图9-2所示。

03 添加效果。选中Element 3D图层并右击，在弹出的快捷菜单中选择"效果"|Video Copilot|Element选项，此时的"效果控件"面板如图9-3所示。

图9-2

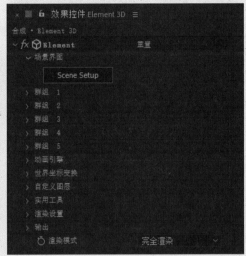

图9-3

04 进入Element 3D独立工作界面。在"效果控件"面板中单击Scene Setup按钮，进入Element 3D工作界面，如图9-4所示。

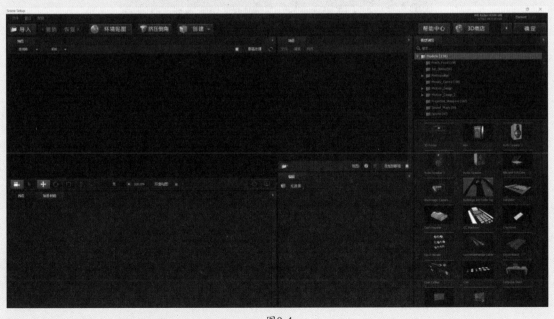

图9-4

05 添加模型。在"模型浏览"面板中搜索Tech_Rings，搜索结果如图9-5所示。

06 单击添加Tech_Rings_04和Tech_Rings_02模型，此时的"预览"面板如图9-6所示。

图9-5　　　　　　　　　　　　　　　　　　　　　图9-6

07　调整模型参数。选中Tech_Rings_02模型，在"编辑"面板中修改参数，如图9-7所示。

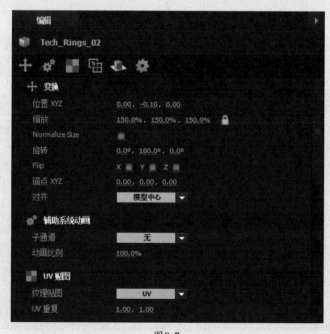

图9-7

08　执行"工具栏"|"创建"|"平面"命令，并对参数进行调整，参数如图9-8所示。

图9-8

09 添加模型。在"预设"面板中选择Materials|Pro_Shaders|Metal|metal_grunge_pai选项，并拖至"平面"模型上，预览效果如图9-9所示。

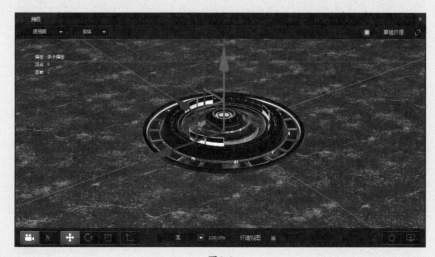

图9-9

10 调整模型参数。在"场景"面板中选择"平面 模型"|asphalt_01|asphalt_01选项，在"编辑"界面中复制"镜面反射"，并粘贴在"反射/折射"中，如图9-10所示。

11 在"编辑"面板中修改参数，如图9-11所示。预览效果，前后的对比如图9-12所示。

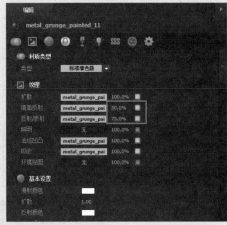

图9-10　　　　　　　　　　　　　　　　　　图9-11

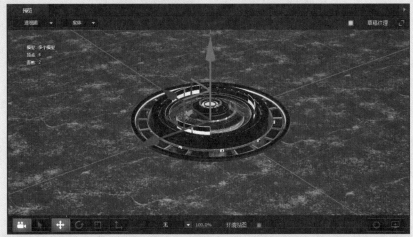

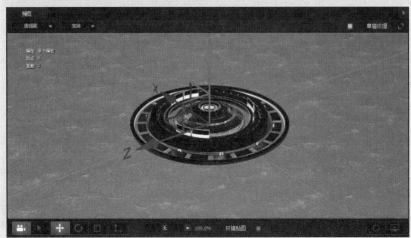

图9-12

12 在"编辑"|"基本设置"中修改"漫射颜色""镜面反射"和"高光亮度"参数，如图9-13所示。

13 在"场景"面板中修改Tech_Rings_02和Tech_Rings_04的Light参数,在"编辑"面板中修改"照明"|"颜色"属性,如图9-14所示。

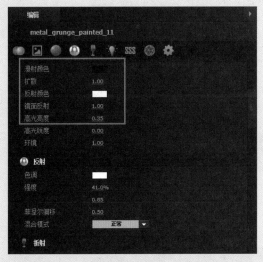

图9-13   图9-14

14 单击右上角"保存"按钮退出Element 3D界面。

具体的操作方法如下。

01 新建摄像机。在"时间轴"面板中右击,在弹出的快捷菜单中选择"新建"|"摄像机"选项,再在弹出的"摄像机设置"对话框中设置参数,如图9-15所示。

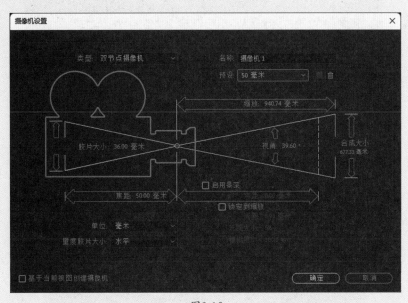

图9-15

02 对"摄像机"参数进行调整,如图9-16所示。

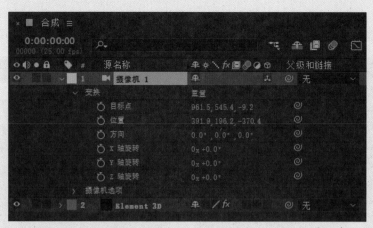

图9-16

03 创建关键帧。在0秒时，为"摄像机"|"变换"|"位置"属性创建关键帧，在5秒时创建关键帧，并调整参数，如图9-17所示。

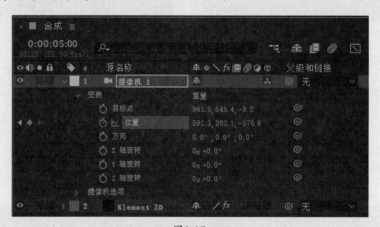

图9-17

04 打开"摄像机"|"摄像机选项"|"景深"开关，在0秒时，为"摄像机"|"摄像机选项"|"焦距"和"摄像机"|"摄像机选项"|"光圈"创建关键帧，具体的参数设置如图9-18所示。

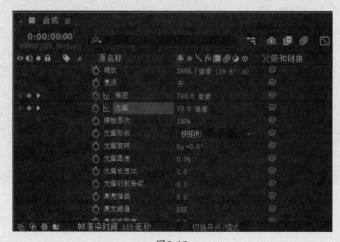

图9-18

05 在5秒时，创建关键帧，具体的参数设置如图9-19所示。

图9-19

06 新建纯色图层。在"时间轴"面板中右击，在弹出的快捷菜单中选择"新建"|"纯色"选项，再在弹出的"纯色设置"对话框中设置参数，如图9-20所示。

07 添加效果。选中"光"图层，右击，在弹出的快捷菜单中选择"效果"|Video Copilot|Optical Flares选项，此时的"效果控件"面板如图9-21所示。

图9-20

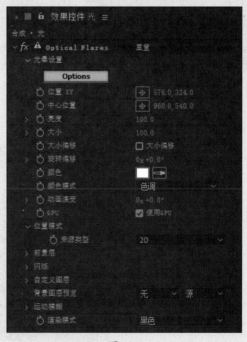

图9-21

08 调整图层参数。在"时间轴"面板中，修改"光"|"模式"改为"相加"，如图9-22所示。

09 在"时间轴"面板中右击，在弹出的快捷菜单中选择"新建"|"灯光"选项，再在弹出的"灯光设置"对话框中设置参数，如图9-23所示。

图9-22

10 调整图层参数。在"时间轴"面板中修改"灯"参数,如图9-24所示。

图9-23

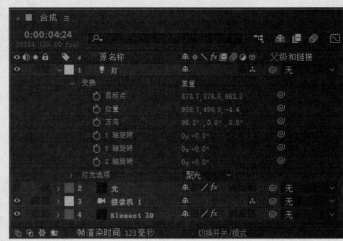

图9-24

11 选中"光"图层,在"效果控件"面板中修改"位置模式"|"来源类型"为"跟踪灯光",如图 9-25所示。

图9-25

12 在"效果控件"面板中单击Options按钮,进入独立工作界面,如图9-26所示。

图9-26

13 在"预设浏览器"中选择Natural Flares|Blue Steel选项,操作如图9-27所示。

图9-27

14 单击左上角的"确认"按钮保存,在"效果控件"面板中修改"亮度"和"大小"值,如图9-28所示。

15 在"效果控件"面板中修改"闪烁"|"速度"和"闪烁"|"数值"参数值,如图9-29所示。

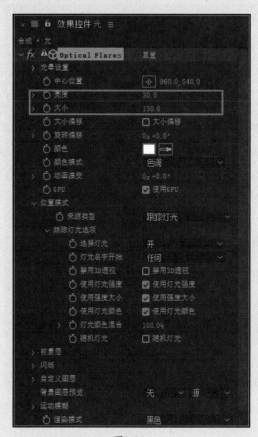

图9-28

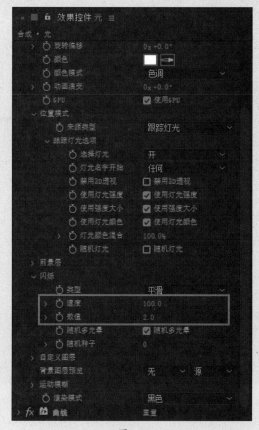

图9-29

16 添加效果。在"时间轴"面板中,选中"光"图层,右击,在弹出的快捷菜单中选择"效果"|"颜色校正"|"曲线"选项,在"效果控件"面板中修改曲线,如图9-30所示。此时的合成效果如图9-31所示。

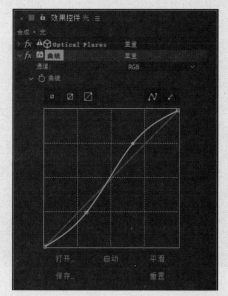

图9-30

活动摄像机（摄像机 1）

图9-31

9.1.3 制作激光

具体的操作步骤如下。

01 新建纯色图层。在"时间轴"面板中右击，在弹出的快捷菜单中选择"新建"|"纯色"选项，再在弹出的"纯色设置"对话框中设置参数，如图9-32所示。

纯色设置   ×

　　　　　名称: 激光

大小

　　　　宽度: 1920 像素
　　　　　　　　　　　　　□ 将长宽比锁定为 16:9 (1.78)
　　　　高度: 1080 像素

　　　　单位: 像素　　∨

　　像素长宽比: 方形像素　　　　　　　　　　∨

　　　　宽度: 合成的 100.0%
　　　　高度: 合成的 100.0%
　　画面长宽比: 16:9 (1.78)

　　　　　　　（制作合成大小）

颜色

　　　　　　　▯　　✎

□ 预览　　　　　　　（ 确定 ）（ 取消 ）

图9-32

02 绘制蒙版。使用"钢笔工具"绘制一条直线，如图9-33所示。

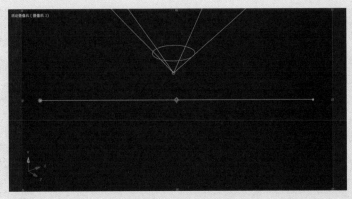

图9-33

03 添加效果。选中"激光"图层，右击，在弹出的快捷菜单中选择"效果"|Video Copilot|Saber选项，此时的"效果控制"面板如图9-34所示。

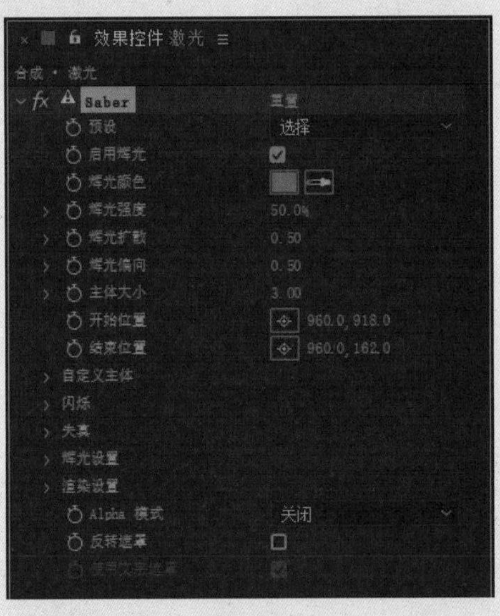

图9-34

04 调整效果。在"效果控件"面板中，修改"自定义主体"|"主体类型"改为"遮罩图层"，修改"预设"改为"能量"，此时的合成效果如图9-35所示。

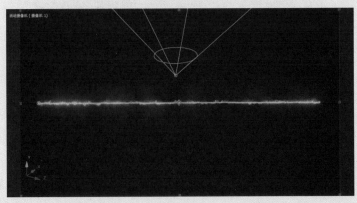

图9-35

05 在"效果控件"面板中修改"辉光颜色",在弹出的"辉光颜色"对话框中修改参数,如图9-36所示。

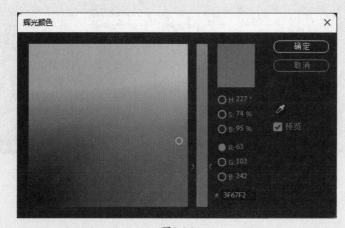

图9-36

06 调整图层参数。在"时间轴"面板中将"激光"图层的模式改为"相加",如图9-37所示。

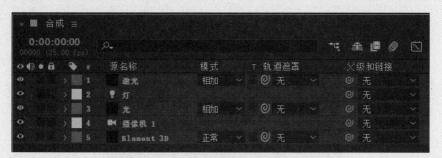

图9-37

07 打开"激光"图层的3D开关,并修改参数,如图9-38所示。

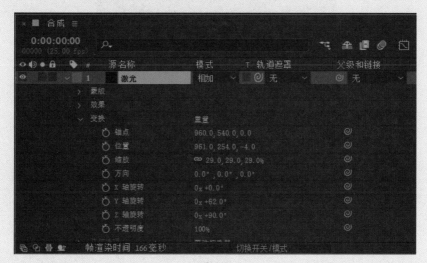

图9-38

08 调整效果。在"效果控件"面板中修改"辉光强度"值为150%。在"时间轴"面板中选中"激光"图层,按快捷键Ctrl+D复制4层,此时的"时间轴"面板如图9-39所示。

图9-39

9.1.4 制作光效

具体的操作步骤如下。

01 调整效果。在"时间轴"面板中选中Element 3D图层，按快捷键Ctrl+D复制一层，选中新层，在"效果控件"面板中修改"输出"|"显示"为"照明"，如图9-40所示。

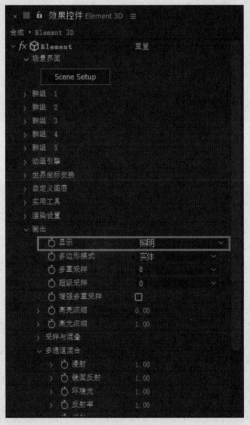

图9-40

02 添加效果。在"效果与预设"面板中搜索Deep Glow，并将其拖至复制的层上，此时的合成效果如图9-41所示。

图9-41

03 在"效果控件"面板中修改"半径"和"曝光"值,如图9-42所示。

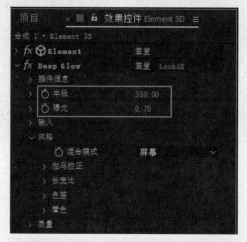

图9-42

04 在"时间轴"面板中,修改复制层的模式为"相加",此时的合成效果如图9-43所示。

图9-43

第9章 综合实战

05 创建关键帧。选中Element 3D层，在"效果控件"面板中为"渲染设置"|"物理环境"|"旋转环境贴图"中全部的参数创建关键帧，在0秒时的参数如图9-44所示，在5秒时的参数如图9-45所示。

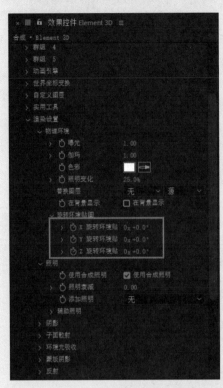

图9-44   图9-45

06 调整效果参数。在"效果控件"面板中，打开"渲染设置"|"环境光吸收"|"启用AO"的开关，修改"渲染设置"|"环境光吸收"|"AO模式"为"光线追踪"，如图9-46所示。合成效果前后对比如图9-47所示。

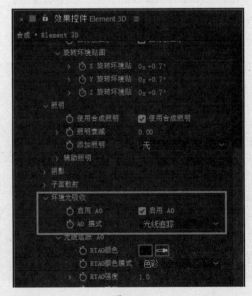

图9-46

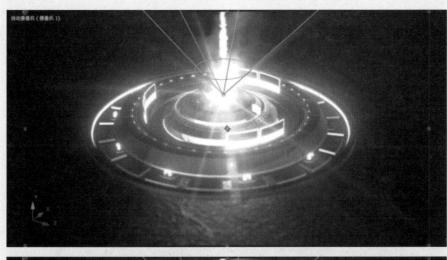

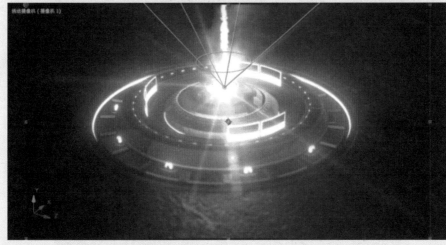

图9-47

07 在"效果控件"面板中,修改"输出"|"多重采样"和"输出"|"超级采样"值,选中"输出"|"增强多重采样"复选框,如图9-48所示。

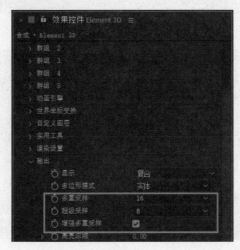

图9-48

第9章 综合实战

08 在"时间轴"面板中选中Element 3D层，按快捷键Ctrl+D复制一层，选中新复制的层，在"效果控件"面板中修改"输出"|"显示"为"反射"。在"时间轴"面板中修改新复制层的模式为"相加"，如图9-49所示。

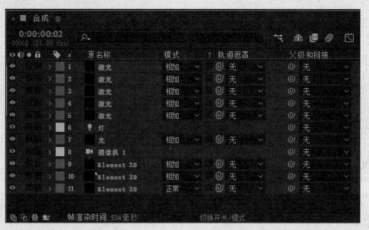

图9-49

09 在"时间轴"面板中选中复制的层和新复制的层，按T键展开"不透明度"栏，并修改参数，如图9-50所示，此时的合成效果如图9-51所示。

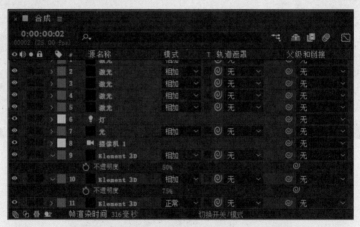

图9-50

图9-51

9.1.5 整体调色

具体的操作步骤如下。

01 新建调整图层。在"时间轴"面板中右击，在弹出的快捷菜单中选择"新建"|"调整图层"选项，选中调整图层，右击，在弹出的快捷菜单中选择"效果"|RG Magic Bullet|Looks选项，此时的"效果控件"面板如图9-52所示。

图9-52

02 在"效果控件"中单击Edit按钮，进入Loooks独立工作界面，如图9-53所示。

图9-53

03 添加预设。单击左下角的Looks按钮打开预设菜单，选择Grading Headstarts|4 ways Grade选项，如图9-54所示。

图9-54

04 单击右下角的保存按钮，最终的合成效果如图9-55所示。

图9-55

9.2 粒子花

粒子花的制作步骤如下。

※ 前期准备：制作粒子花的 12 条花瓣路径。

※ 整体搭建：搭建粒子花，制作最初的花瓣。

※ 制作三维画面：在 After Effects 中制作花瓣的三维画面，并对最初的花瓣进行优化。

※ 制作多层花瓣：根据第一层花瓣制作多层花瓣，最后制作光效，对整体画面进行调色。

9.2.1　前期准备

具体的操作步骤如下。

01 新建合成。启动After Effects 2023软件，单击"新建项目"按钮。在"项目"面板中右击，在弹出的快捷菜单中选择"新建合成"选项，再在弹出的"合成设置"对话框中设置参数，如图9-56所示。

图9-56

02 新建灯光。在"时间轴"面板中右击，在弹出的快捷菜单中选择"新建" | "灯光"选项，再在弹出的"灯光设置"对话框中设置参数，如图9-57所示。

图9-57

03 调整图层参数。选中"点光1"，按P键展开"位置"栏，并修改参数，如图9-58所示。

图9-58

04 新建空对象。在"时间轴"面板中右击，在弹出的快捷菜单中选择"新建" | "空对象"选项。选中"点光1"层并复制一层，将"点光2"层链接至"空1"层，此时的"时间轴"面板如图9-59所示。

图9-59

05 调整图层参数。选中"空1"图层，按R键展开"旋转"栏并修改参数，如图9-60所示。

图9-60

06 在"时间轴"面板中取消"点光 2"的链接，此时的合成效果如图9-61所示。

图9-61

07 通过"空对象"将"点光"按30°角为一个节点进行排布，最后的合成效果如图9-62所示。

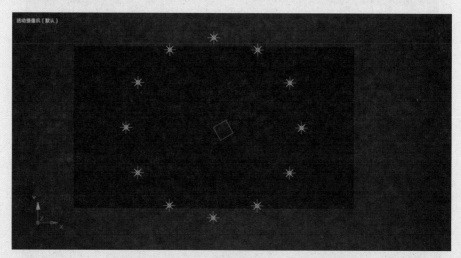

图9-62

08 在"时间轴"面板中，选中全部"点光"图层，并链接至"空 1"图层。选中"空 1"图层，按S键展开"缩放"栏，创建关键帧，在0秒时的参数如图9-63所示。在3秒时的参数如图9-64所示。

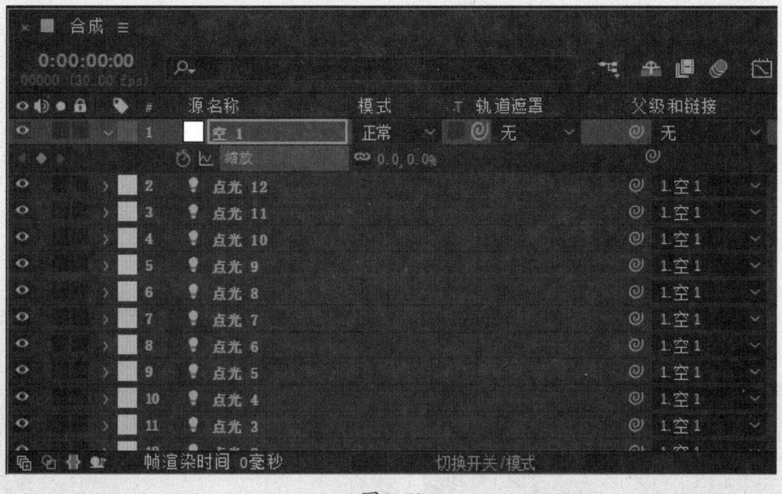

图9-63

图9-64

09 选中"空1"图层,按R键展开"旋转"栏,并输入表达式,如图9-65所示。

图9-65

9.2.2 粒子制作

具体的操作步骤如下。

01 新建纯色图层。在"时间轴"面板中右击，在弹出的快捷菜单中选择"新建"|"纯色"选项，再在弹出的"纯色设置"对话框中设置参数，如图9-66所示。

02 添加效果。选中"粒子"图层，右击，在弹出的快捷菜单中选择"效果"|RG Trapcode|Particular选项，此时的"效果控件"面板如图9-67所示。

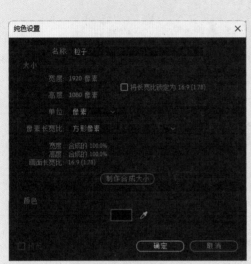

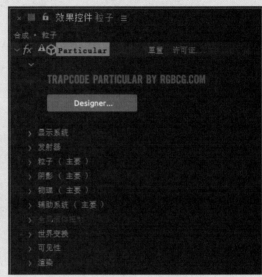

图9-66   图9-67

03 调整效果。选中全部"点光"图层，重命名为1，如图9-68所示。

图9-68

04 选中"粒子"图层，在"效果控件"面板中修改"发射器"|"发射器类型"为"灯光（S）"，单击"发射器"|"灯光名称"|"更改名称"按钮，在弹出的Light Naming对话框中修改参数，如图9-69所示。

05 在"效果控件"面板中修改"发射器"|"速度""速度随机""速度分布""速度从运动""发射器尺寸XYZ"的参数，如图9-70所示。

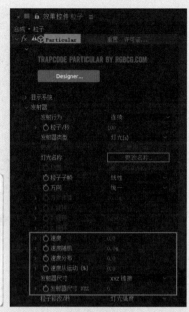

Light Naming			
Light Emitter Name Starts With:			
1			
Shadowlet Light Name:			
Shadow			
Help...		Cancel	OK

图9-69 图9-70

06 在"时间轴"面板中选中全部1图层，按P键展开"位置"属性，创建关键帧，在0秒时的参数如图9-71所示。在3秒时的参数如图9-72所示。三维效果如图9-73所示。

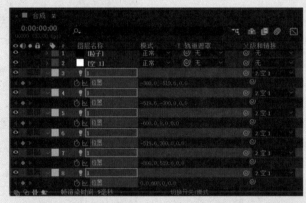

图9-71

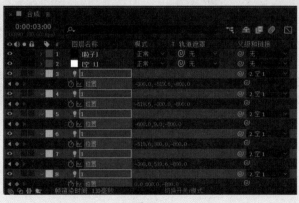

图9-72

第9章 综合实战

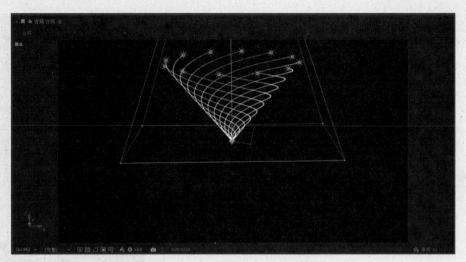

图9-73

07 在"效果控件"面板中修改"发射器"|"粒子/秒"值，如图9-74所示。

08 在"效果控件"面板中修改"粒子（主要）"|"生命[秒]"和"尺寸"值，如图9-75所示。

图9-74

图9-75

09 在"效果控件"面板中修改"物理（主要）"|"空气"|"湍流场"|"影响位置"和"比例"值，如图9-76所示。

10 在"效果控件"面板中修改"物理（主要）"|"空气"|"球形场"|"强度"、"半径"、"羽化"值，如图9-77所示，此时的合成效果如图9-78所示。

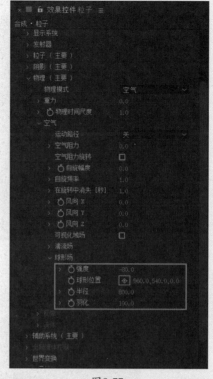

图9-76   图9-77

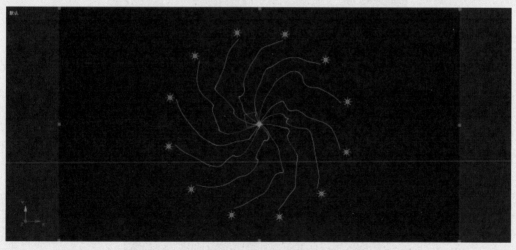

图9-78

9.2.3 制作三维效果

具体的操作方法如下。

01 新建摄像机。在"时间轴"面板中右击，在弹出的快捷菜单中选择"新建"|"摄像机"选项，再在弹出的"摄像机设置"对话框中修改参数，如图9-79所示。

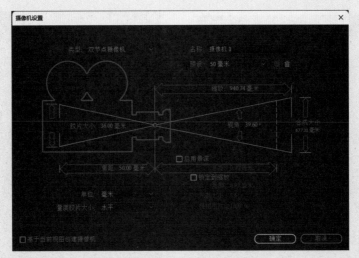

图9-79

02 新建空对象。在"时间轴"面板中右击，在弹出的快捷菜单中选择"新建"|"空对象"选项，将"摄像机1"链接至"空2"，此时的"时间轴"面板如图9-80所示。

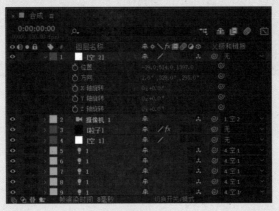

图9-80

03 调整图层参数。打开"空2"图层的3D开关，并调整参数，如图9-81所示。

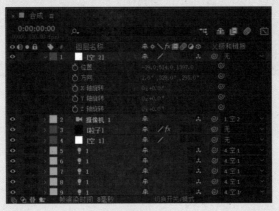

图9-81

04 调整效果。选中"粒子"图层，在"效果控件"面板中修改"辅助系统（主要）"|"发射""连

续", 如图9-82所示。

05 在"效果控件"面板中修改"辅助系统（主要）"|"粒子/秒"和"尺寸"值, 如图9-83所示。

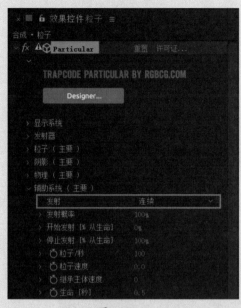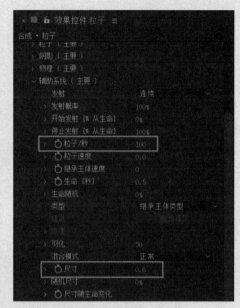

图9-82   图9-83

06 在"效果控件"面板中修改"辅助系统（主要）"|"尺寸随生命变化"值, 如图9-84所示。

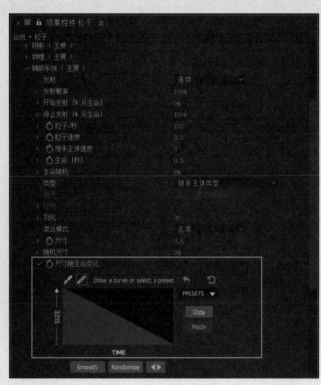

图9-84

07 在"效果控件"面板中修改"辅助系统（主要）"|"颜色"值, 如图9-85所示。

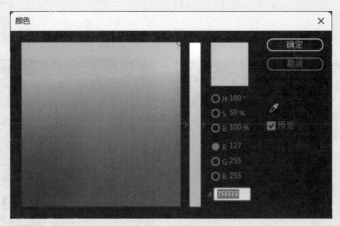

图9-85

08 在"效果控件"面板中修改"辅助系统（主要）"|"生命[秒]"和"混合模式"值，如图9-86所示。

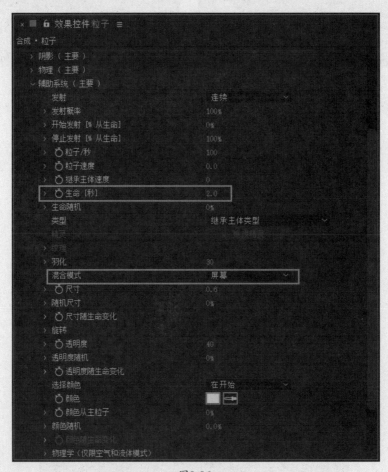

图9-86

09 在"效果控件"面板中修改"粒子（主要）"|"尺寸"值，如图9-87所示。至此，第一层制作完毕，此时的合成效果如图9-88所示。

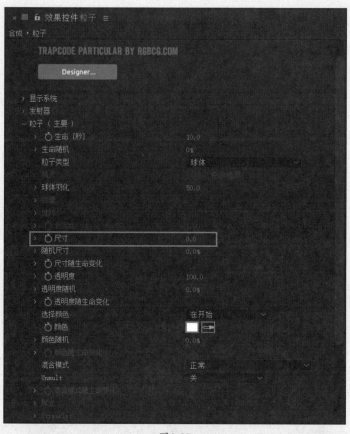

图9-87

图9-88

第9章 综合实战

9.2.4 细节优化

具体的操作步骤如下。

01 调整图层。在"时间轴"面板中选中"粒子"图层，按快捷键Ctrl+D复制2份，并对所有"粒子"图层重命名，此时的"时间轴"面板如图9-89所示。

图9-89

02 调整效果。选中"第二层"图层，在"效果控件"面板中修改"发射器"|"粒子/秒"和"速度"值，如图9-90所示。

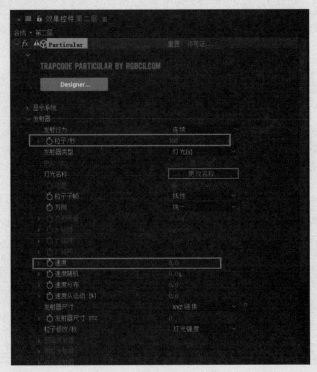

图9-90

03 在"效果控件"面板中修改"辅助系统（主要）"|"尺寸""粒子/秒"和"随机尺寸"值，如图9-91所示。

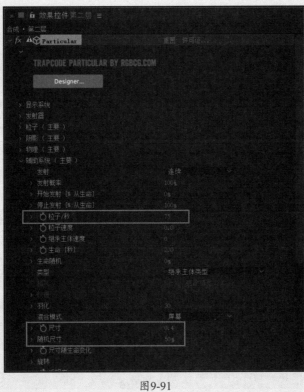

图9-91

04 对"第三层"图层进行相同的操作，如图9-92所示。

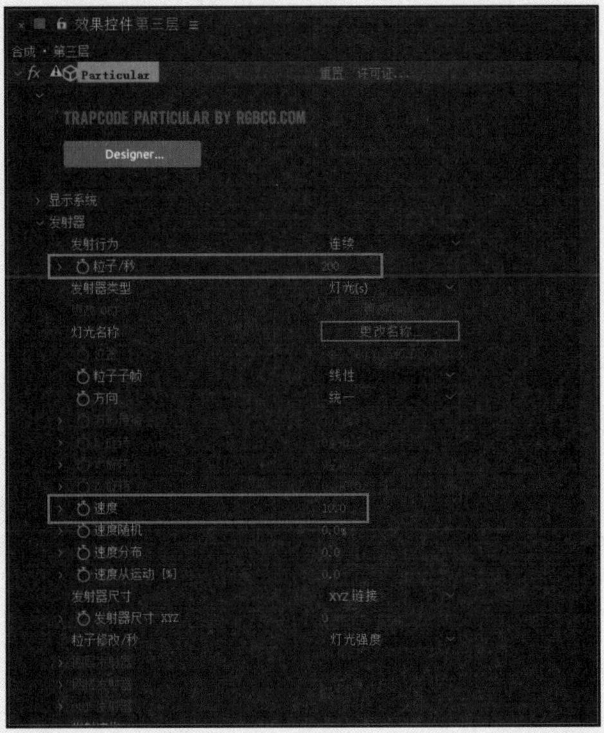

图9-92

第9章 综合实战

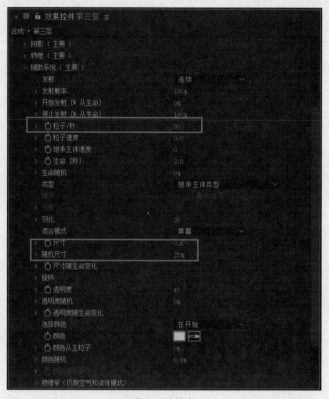

图9-92（续）

05 新建纯色图层。按快捷键Ctrl+Y创建纯色图层，在弹出的"纯色设置"对话框中设置参数，如图 9-93所示。

图9-93

06 添加效果。在"时间轴"面板中选中"背景"图层，并拖至"第一层"图层下方，右击，在弹出的 快捷菜单中选择"效果"|"生成"|"梯度渐变"选项，此时的"效果控件"面板如图9-94所示。

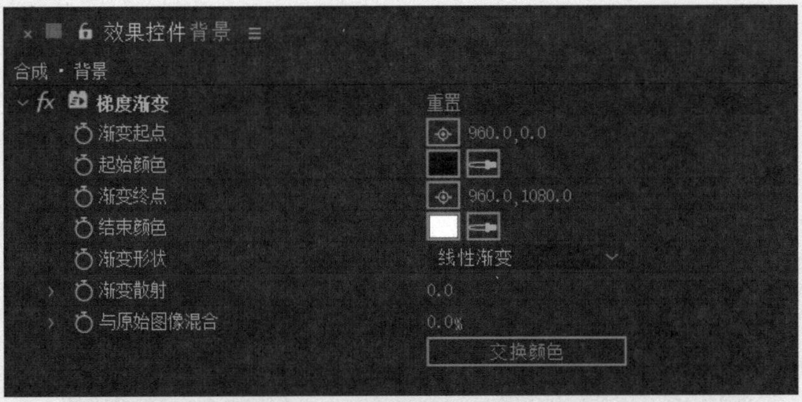

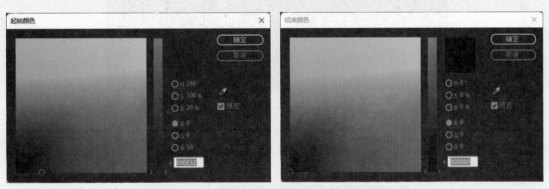

图9-94

07 调整效果。在"效果控件"面板中修改"起始颜色"和"结束颜色",如图9-95所示。

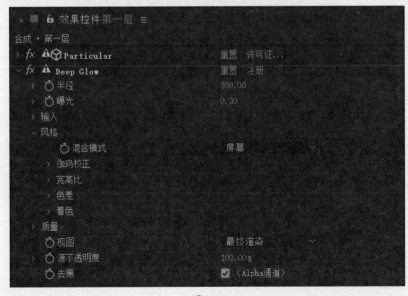

图9-95

08 添加效果。在"效果和预设"面板中搜索Deep Glow,并将其拖至"第一层",此时的"效果控件"面板如图9-96所示。

图9-96

09 添加效果。在"效果和预设"面板中搜索"发光",并将其拖至"第二层",此时的"效果控件"面板如图9-97所示。

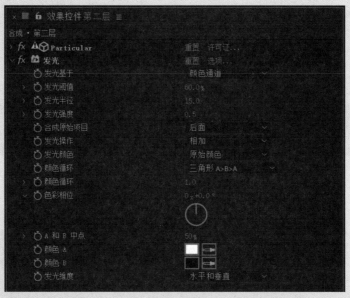

图9-97

10 新建调整图层。在"时间轴"面板中右击,在弹出的快捷菜单中选择"新建"|"调整图层"选项,选中调整图层,右击,在弹出的快捷菜单中选择"效果"|"颜色校正"|"曲线"选项,此时的"效果控件"面板如图9-98所示。

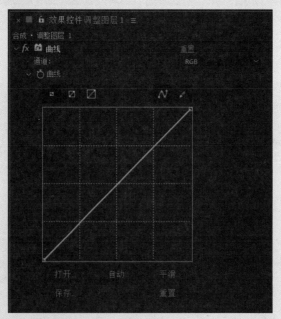

图9-98

11 调整效果。在"效果控件"面板中修改"曲线"值,如图9-99所示。最终的合成效果如图9-100所示。

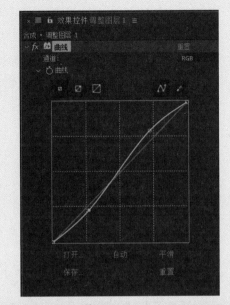

图9-99

图9-100

第10章

辅助插件

在特效制作过程中，一个好用的插件可以为用户带来极大的便利，减少大量重复操作的时间，从而提高用户的工作效率。

10.1 Deep Glow

Deep Glow 是 Plugin Everything 出品的一款 After Effects 高级辉光发光插件，能够快速模拟出真实而漂亮的物理发光效果，如图 10-1 ~ 图 10-4 所示。

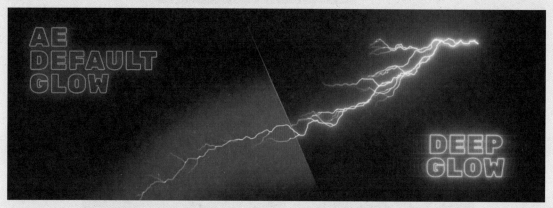

图10-1

图10-2

图10-3

图10-4

Deep Glow 参数介绍如下。

Deep Glow 具备物理精确的基于平方反比的衰减、GPU 加速,以及兼容 8、16、32bpc、HDR 阈值等特点。与 After Effects 自带的发光效果相比,Deep Glow 为用户提供了更多可控的参数,如图 10-5 所示。

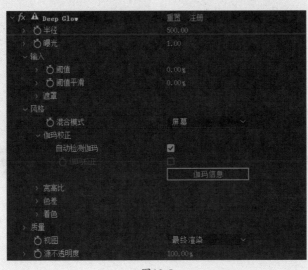

图10-5

其中，"半径"和"曝光"参数是用户常用的参数。"半径"参数能够修改辉光辐射的范围，如图 10-6 所示，前者的"半径"值为 10，后者的"半径"值为 1000。

图10-6

"曝光"参数能够调整辉光的强度，如图 10-7 所示，前者的"曝光"值为 0.2，后者的"曝光"值为 1.2。

图10-7

"阈值"和"阈值平滑"参数也是较为常用的参数。"阈值"参数能够限制发光的区域和范围，"阈值"值越高，发光的范围越小，如图 10-8 所示，前者的"阈值"值为 80%，后者的"阈值"值为 60%。

图10-8

"阈值平滑"参数能够平滑地过渡辉光，类似 After Effects 中的羽化效果，如图 10-9 所示，前者的"阈值平滑"值为 0%，后者的"阈值平滑"值为 80%。

图10-9

　　"着色"是一个较为常用的参数，通常用于需要物体发出与本身颜色不同的辉光时。如图 10-10 所示，前者未启用"着色"，后者启用了"着色"，并将"着色颜色"设置为参数为 #FF0000 的红色。

图10-10

　　最后一个比较常用的是"视图下的发光输出"模式。该模式能够将发光区域和发光强度表现出来，最终渲染效果是在原片上叠加该模式下输出的效果，如图 10-11 所示，前者是"发光输出"模式，后者是"最终渲染"模式，原片如图 10-12 所示。

图10-11

图10-12

10.2 **Saber**

　　Saber 插件通过简单操作即可制作出能量光束、光剑、激光、传送门和闪电等粒子效果，如图 10-13 所示。

图10-13

　　插件内还包含多种预设，可以直接完成大多数激光能量特效的制作，如图 10-14 和图 10-15 所示。

图10-14

图10-15

插件不仅可以制作简单的直线和圆形效果，还可以通过图层遮罩等方式实现更加自由的控制。通过调整开始和结束偏移，可以实现更多丰富的效果，如图 10-16 所示。

图10-16

Saber 插件提供了丰富的参数设置，如图 10-17 所示。

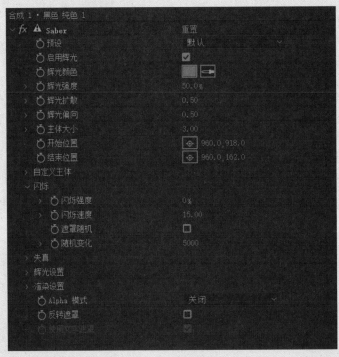

图10-17

"预设"选项为用户提供了近 20 种预设，如图 10-18 和图 10-19 所示。

图10-18

图10-19

在"启用辉光"选项和"自定义主体"选项之间，有多项参数可用于调整光束辉光，例如辉光颜色，如图 10-20 所示。

图10-20

调整"辉光强度""辉光扩散"等参数的效果，如图 10-21 和图 10-22 所示。

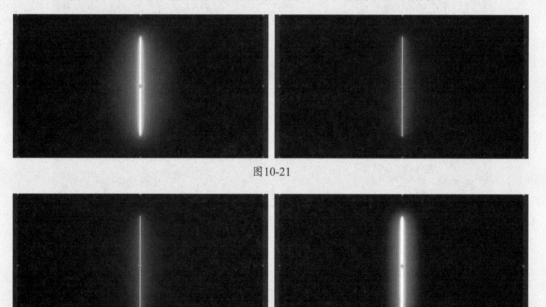

图10-21

图10-22

"启用辉光"模式也是一种常用的模式，一般用于调整光束路径时。关闭辉光能对路径细节进行更好的处理，如图 10-23 所示，前者开启了"启用辉光"，后者关闭了"启用辉光"模式。

图10-23

在"自定义主体"栏下，"主体类型"模式也是常用的一个模式，如图 10-24 所示。在图层上绘制蒙版后，选择"遮罩图层"模式，光束路径便会贴合蒙版路径。

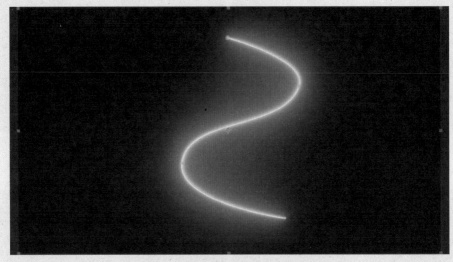

图10-24

将模式改为"文本图层"，并链接上已经准备好的文本图层，光束便会按照文字的边缘进行描边，如图 10-25 所示。

图10-25

"闪烁"栏下则是对光束辉光的闪烁参数设置，如图 10-26 所示，用于模拟光束不稳定导致的辉光闪烁。

图10-26

10.3 ORB

　　ORB 是一款三维星球插件，主要用于创建各种类型的星球和天体效果。通过该插件，用户可以一键设置星球的颜色层、云层、大气层等参数，非常方便。

　　ORB 插件的主要功能包括：

※　基于物理真实的材质渲染，可以快速创建超棒的写实纹理。

※　拥有阴影遮罩的高级照明效果，可以使用 After Effects 自带的灯光来模拟日夜更替的效果。

※　360° 全方位的环境渲染，快速创建一个无缝的星空背景。

※　高级的凹凸贴图选项，可以使用自己绘制的深度贴图来创建属于自己的纹理效果。

　　除此之外，ORB 插件还具备更多实用功能，如图 10-27 ～图 10-30 所示。

图10-27

图10-28

图10-29

图10-30

ORB 作为一款天体模拟插件，其参数设置更偏向于 3D 模型，如图 10-31 所示。

其中，与其他插件最不同的参数是"贴图"和 UV 参数。在"贴图"参数中，涉及 4 类贴图，如图 10-32 所示。

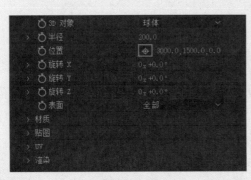

图10-31

图10-32

4 类贴图分别对应漫射贴图、光泽 贴图、发光贴图和 凸凹贴图，如图 10-33 ～图 10-36 所示。

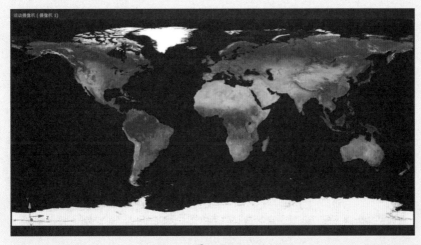

图10-33

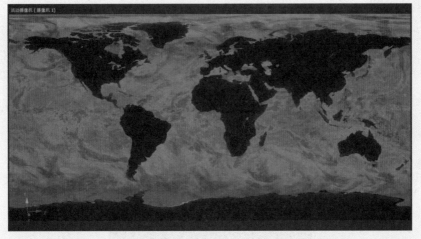

图10-34

图10-35

第10章 辅助插件

图10-36

UV 参数则用于贴图的拉伸、缩放和偏移等操作，如图 10-37 所示。

🕐 3D 对象	球体	
> 🕐 半径	2000.0	
🕐 位置	⊕ 3000.0, 1500.0, 0.0	
> 🕐 旋转 X	0x +0.0°	
> 🕐 旋转 Y	0x +0.0°	
> 🕐 旋转 Z	0x +0.0°	
🕐 表面	全部	
> 材质		
> 贴图		
∨ UV		
🕐 UV 类型	球形	
🕐 UV 模式	重复	
> 🕐 UV 重复 X	1.00	
> 🕐 UV 重复 Y	1.00	
> 🕐 UV 偏移 X	0.00	
🕐 UV 偏移 Y	0.00	
> 🕐 UV 旋转	0x +0.0°	
> 🕐 立方体 UV 羽化	0.20	
> 渲染		

图10-37

ORB 插件案例展示如图 10-38 ～图 10-43 所示。

图10-38

图10-39

图10-40

图10-41

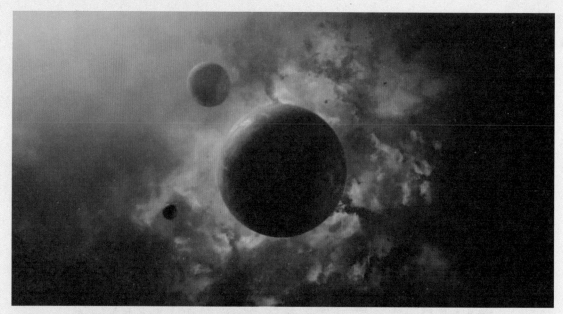

图10-42

图10-43

10.4 Form

Form 插件相比于 Particular 插件，更偏向于创建复杂的粒子系统、运动图形和视觉效果。Form 插件可以帮助用户生成自定义 3D 粒子网格，并通过音频、路径等进行控制，如图 10-44 ~ 图 10-49 所示。

图10-44

图10-45

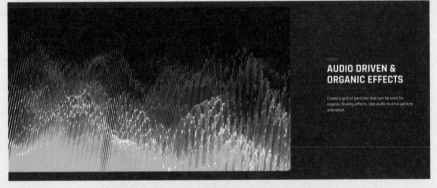

图10-46

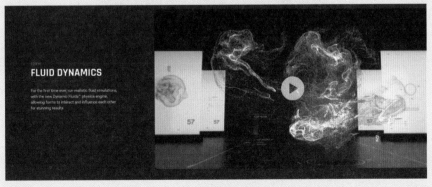

图10-47

第10章 辅助插件

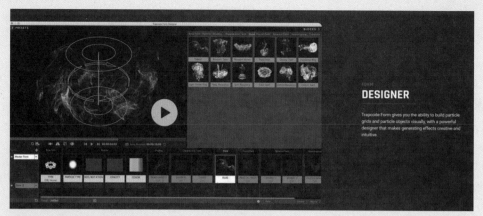

图10-48

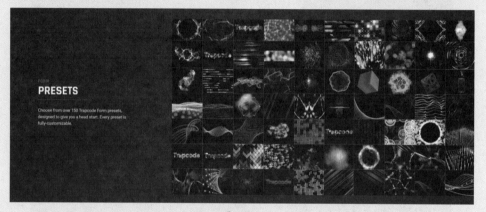

图10-49

Form 作为 Particular 的孪生兄弟，其参数设置也大同小异，如图 10-50 所示。

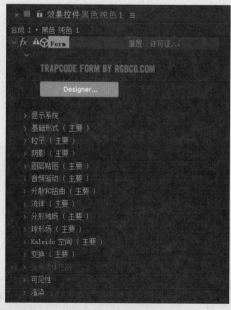

图10-50

与 Particular 的单点粒子发射相比，Form 更偏向于制作粒子画面或物体，如图 10-51 和图 10-52 所示。

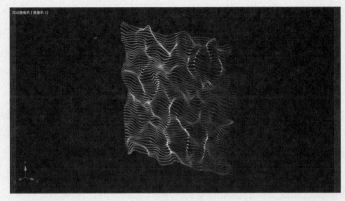

图10-51

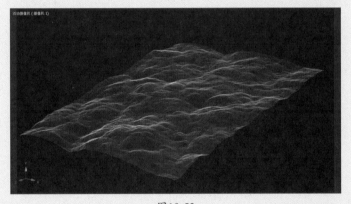

图10-52

Form 的预设界面如图 10-53 所示，内部包含了多种预设，以方便创作。

图10-53

第10章 辅助插件

本章小结

层出不穷的 After Effects 插件为用户提供了更多的选择和可能性，让用户的工作流程得到进一步的优化。这些插件可以帮助用户快速实现各种复杂的特效和动画效果，节省了大量的时间和精力。

同时，这些插件也带来了更加绚丽和真实的效果，使用户可以创造出更加震撼和引人入胜的视觉效果。通过对这些插件的了解和学习，用户可以掌握全新的知识，包括特效制作的技巧、算法和数学模型等，从而提高自己的技术实力。

需要注意的是，在使用插件时，用户需要了解每个插件的功能和参数设置，并根据自己的需求进行选择和调整。同时，用户还需要考虑到计算机的性能和渲染时间，避免因为使用过多的插件而导致渲染速度过慢或者崩溃等问题。

总之，层出不穷的 After Effects 插件为用户带来了更多的便利和可能性，让用户可以更加高效地制作出高质量的特效作品。通过不断的学习和实践，用户可以不断提高自己的技术实力和创意能力，成为一名优秀的特效制作人员。